甘肃省精准扶贫丛书·林果系

HUA JIAO

花椒

杨建雷 编

甘肃科学技术出版社

图书在版编目（CIP）数据

花椒 / 杨建雷编. -- 兰州 : 甘肃科学技术出版社,
2018.5
ISBN 978-7-5424-2584-3

Ⅰ.①花… Ⅱ.①杨… Ⅲ.①花椒－栽培技术 Ⅳ.
①S573

中国版本图书馆CIP数据核字(2018)第091600号

花椒

杨建雷　编

责任编辑　韩　波
封面设计　魏士杰

出　版　甘肃科学技术出版社
社　址　兰州市读者大道568号　730030
网　址　www.gskejipress.com
电　话　0931-8125103　（编辑部）　0931-8773237　（发行部）
京东官方旗舰店　https://mall. jd. com/index-655807.html

发　行　甘肃科学技术出版社　　印　刷　甘肃发展印刷公司
开　本　889mm×1194mm　1/16　　印　张　5.75　字　数　93千
版　次　2020年12月第1版　2020年12月第1次印刷
印　数　1~1000
书　号　ISBN 978-7-5424-2584-3
定　价　25.00元

《精准扶贫林果科技明白纸系列丛书》

编　委　会

本册编者：杨建雷

前　言

甘肃省是一个森林植被稀少、生态环境脆弱、省域经济落后、群众贫困面大的省份，面临着生态安全屏障建设和精准扶贫攻坚两大艰巨任务。林业科技在生态文明建设中如何把生态建设与扶贫攻坚有机结合，成为我们的重要课题。

甘肃省在中国一级行政区划中，是唯一占有三大自然区［即东部季风区(黄土高原)、西北干旱区(内蒙古高原)与青藏高原区］各一部的省份。从水域分布来看，甘肃省是中国同时包括了长江流域、黄河流域和内陆河流域在内的省份。从气候过渡性来看，甘肃省是中国同时包括北亚热带、暖温带、温带、寒温带等在内的省份。在全省14个市(州)从东南至西北跨度1650km长的空间内，同时有枣树、枸杞、苹果、李、杏、桃、葡萄等栽培分布。除甘肃省外，中国没有任何其他省区同时具有这些特点，这些特点优势，同样为深入研究这些特色果树提供了理想的场所和条件，是中国研究这些果树及其产业发展和示范推广的理想基地。

在甘肃南部的白龙江、白水江流域干热河谷区还是中国木本油料——油橄榄、核桃的最佳适生区，同时，也是品质最好的调味品花椒的适生区。甘肃南部文县碧口、中庙，康县阳坝，武都区洛塘所辖区域，还是中国茶叶分布最北缘且品质最好的产区之一。天水、庆阳、平凉等地是中国苹果的重要产地之一。

在《国务院办公厅关于进一步支持甘肃经济社会发展的若干意见》(国办发〔2010〕29号)中指出:“甘肃要突出发展特色优势农业，积极发展油橄榄、核桃、花椒等地方特色产品；陇南等特殊困难地区要加快发展以中药材、油橄榄、核桃、花椒为主的特色农业，增强自我发展能力。”发展特色产业，培育“比较优势”。林果业是甘肃传统的优势产业，也是最具市场优势和发展前景的朝阳产业之一。甘肃紧紧抓住国家扶持甘肃加快发展的良好机遇，以甘政办发［2010］218号文件的形式下发了《甘肃省人民政府办公厅关于印发甘肃省1000万亩优质林果基地建设发展规划(2010-2012年)的通知》，规划围绕促进农民增收六大行动，以“兴林、富民、强县”为目标，对甘肃省特色林果树种苹果、花椒、核桃、葡萄、枣、梨、杏、枸杞、桃、油橄榄、甜樱桃和银杏等的基地建设和产业发展进行了规划。

为贯彻习近平总书记“着力加强生态环境保护，提高生态文明水平”和“绿水青山就是金山银山”重要指示要求，中共甘肃省委、甘肃省人民政府下发了《关于打赢脱贫攻坚战的实施意见》《甘肃省“十三五”脱贫攻坚规划》总体部署，甘肃省林业厅将退耕还林、三北防护林、天然林保护、特色林果产业、自然保护等五项重点工程，尤其是做好特色林果产业，确定为生态扶贫精准扶贫的重点工作。做好特色林果产业发展，不仅可以带动贫困群众增收，更是保护生态的有效抓手。大力整合资源、集中力量、持续推进，极大地调动了农村贫困人口的脱贫积极性，有效提升了贫困群众的脱贫能力，提高了群众的生活质量，改善了人居生态环境。

为进一步满足特色林果产业扶贫的需要，加大特色林果产业扶贫的力度，宣传甘肃省特色林果品牌，推广先进实用生产技术，我们组织甘肃省内20 多位林果生产一线专家和技术人员，按照指导实践、通俗易懂的原则，从林果产业发展实际出发，紧紧围绕甘肃省的优势林果产业和特色产品，以关键技术和先进实用技术为重点，以通俗易懂的语言、图文并茂的编排、精致的微课堂视频，编写了一套《甘肃省精准扶贫丛书·林果系列》科技明白纸12 册，并邀请甘肃省林业科学研究院、农业科学研究院、农业大学和基层生产一线的林果专家进行了审定。

真诚希望《甘肃省精准扶贫丛书·林果系列》，能够为甘肃省精准扶贫、生态脱贫和特色林果产业的发展提供智力支持，能够为帮助广大果农提升生产水平和脱贫能力，早日实现脱贫致富发挥作用。希望广大林业科技工作者，切实增强“精准扶贫、精准脱贫”工作的自觉性和主动性，继续积极推广和普及林业科技先进实用技术，真正让特色林果产业成为甘肃省精准扶贫工程的抓手和全省生态保护的利器。

中共甘肃省林业厅党组书记、厅长：宋尚有

2018年1月

目　录

甘肃花椒主要栽培品种简介(上)

1.梅花椒

又叫五月椒、贡椒等,树体矮化,树势强;结果早,丰产性强;果皮干制率高。果实成熟后,具有粒大肉厚、油重丹红、芳香浓郁、醇麻适口等特点,品质极佳。农历五月中下旬成熟,内果皮极薄,颜色金黄,成熟开裂后形似梅花,在北魏时期,曾作为皇宫的贡品,因而得名。于2015年通过甘肃省林业厅第八次林木良种审(认)定,为陇南特产,主要分布于白龙江沿岸的花椒产区。

2.大红袍

又叫六月椒、大红椒、早椒等,树势旺盛,生长迅速;树姿半开张,树冠半圆形;叶色浓绿,厚而有光泽;结果早,高产稳产。果实艳红色,果柄短,果穗紧密;果皮近梅花椒,色略暗,品质上乘。农历六月初由低向高逐渐成熟。全国大部分花椒产区均广泛栽培,并形成了许多不同的生态类型。武都大红袍于2013年通过甘肃省林业厅第七次林木良种审(认)定,为陇南市的绝对主栽品种,占全市的80%以上。也是天水秦州区、秦安县的主栽品种,但与陇南的略有差异。

3.秦安一号

也叫大狮子头、葡萄椒、串串椒,是大红袍花椒的一个自然变种,于1995年通过

梅花椒

武都大红袍

秦安一号

临夏刺椒

甘肃省林业厅第一次林木良种审(认)定。其树势旺盛,分枝角度较小,半开心形,萌芽力强,成枝力弱。叶片大而肥厚,叶色浓绿,叶缘锯齿处腺体明显,正面有一突出较大的刺,叶背面有不规则小刺,树体上的皮刺大。果柄极短,果实紧凑,果穗大而成串,故俗称“串串椒”。成熟期8月初,成熟时果实浓红色,不易开裂。早果、丰产,且具有较强的抗冻害能力。其主要分布在秦安。

4.临夏刺椒

也叫伏椒、炸椒,因果实成熟后易开裂,因而得名。为临夏州实生地方品种,于2007年通过甘肃省林业厅第四次林木良种审(认)定。其生长势较强,树姿开张,萌芽力、成枝力强。枝干灰绿色或灰褐色,皮刺基本呈倒三角型,密集。叶片薄软细小,叶色深绿。果柄短,果穗松散,果粒小而密,果皮表面密布小腺点。7月上旬成熟,麻味浓,品质高,但产量较低。抗旱,耐瘠薄,但花期较早,易受冻害影响。

甘肃花椒主要栽培品种简介(下)

5.二红袍

又叫七月椒、大红椒、油椒等,树势中庸,分枝角度大,树姿开张。叶片较薄,叶色也较大红袍浅。结果较早,产量高而稳定。果实红色,果穗松散,果柄较长较粗,果皮暗红色,麻味较重,但略带膻味,品质中上。农历七月初由低向高逐渐成熟,抗逆性强于大红袍。陇南市栽培品种,主要分布于白龙江沿岸高海拔地区,非主产区。受产品价格较低的影响,栽培数量仍在不断减少。但因在高海拔产区,相对保留较多。

6.八月椒

又叫枸椒、洋椒等,树势旺盛,生长健壮,树姿开张;叶片较薄较小,结果能力差;果实淡红色,果穗松散、稀疏,采摘困难;果皮薄,膻味重,品质差;抗逆性极强,是优良的砧木品种。因农历八月成熟而得名。全省各花椒产区均有栽培,但因经济效益差而逐步被淘汰。武都八月椒于2013年通过甘肃省林业厅第七次林木良种审(认)定。

7.临夏绵椒

也叫秋椒,为临夏州自然实生地方品种。其生长势强,主干直立,树体较高,萌芽力和成枝力强。枝干灰绿色或灰褐色,皮刺多偏向一侧,小而密。叶片薄软细小,黄绿色。果穗松散,果粒小而密。7月中下旬成熟,果实成熟后呈淡淡的粉红色。抗

二红袍

八月椒

干旱，耐瘠薄，耐寒性强，不易受冻。品质比刺椒稍次，产量比刺椒高，也较稳定，是优良的砧木品种。

临夏绵椒

花椒种子采集处理技术

室内摊晾

1.采集

采种母树应选择地势向阳、生长健壮、品质纯正、无病虫害的10年生左右结果树，果实要充实饱满、充分成熟，采摘后及时摊晾在干燥的室内或阴凉通风处，待果皮干裂后，分离出纯净种子。注意：育苗用种子严禁曝晒！

2.选种

常用水选法进行。将种子放入多于种子2倍以上的水中，充分搅拌后，静置20分钟左右，除去上浮的秕种和杂质，即可得到纯净的种子，其发芽率可达85%。

3.脱脂

配制2%~2.5%的碱水或洗衣粉水，将种子浸入其中，浸泡1~2天，然后反复搓洗，至种子表面无油光为止，最后捞出种子，用清水冲洗干净，即可播种。或者用热水兑成40℃~50℃的热溶液，直接搓洗脱脂。

4.沙藏

在背风向阳、排水良好的地方挖深80厘米、宽1米的沟，每隔2米竖一把小麦秸杆用于通风。将种子与湿沙按1:2的比例，一层湿沙一层种子逐层堆放，到离地面15厘米为止，上面覆沙，成垄状。湿沙要求用手捏能成团，但不滴水，松手即散。

5.方法选择

随采随播所用种子，因果实采集后将果实连同种子一起播种于育苗地内，因此不进行选种和脱脂处理。

花椒实生苗繁育技术

秋播用种子应进行选种和脱脂处理，春播用种子一般不进行脱脂处理，选种后直接沙藏。

1. 育苗地选择及处理

（1）圃地选择

育苗地应选择避风向阳、排水良好、土壤深厚肥沃、透气性好的沙壤土，最好接近建园地和村社，并且交通方便。

（2）圃地处理

苗圃地播种前要于伏天全面翻耕，清除草根石块，晾晒半月后，耙平耙细，达到平、松、匀、碎。

（3）施肥

苗圃地所用肥料应该以长效性的各种农家肥和不易被土壤固定的硫酸铵、磷酸二铵等为主，农家肥必须充分腐熟。每公顷用农家肥6万~7万千克，并配施磷酸二铵或过磷酸钙150~250千克。使用过磷酸钙，必须同农家肥一起沤制，增强其肥效。在土壤翻耕前，将肥料均匀撒在地面，然后翻耕。

（4）杀虫灭菌

播种前，在土壤翻耕时，每公顷用5%西维因粉剂60千克左右均匀喷粉，进行杀虫。耙平土壤后，约1周后喷洒1%~3%的硫酸亚铁溶液，进行灭菌处理。

（5）做床

苗床一般宽1米，长度随地块而定，床间留30厘米宽的步道。

育苗地整地

做床播种

播种后覆沙

播种后覆草

2. 育苗时间

一般为春播、秋播和随采随播三种。

随采随播：待果实采集后，将果实连同种子一起播种于育苗地内。常用于八月椒、野生花椒等培育砧木苗。

春播：在土壤解冻后，即惊蛰–春分之间进行。适宜于春季降雨较多、土壤湿润的地方或无灌溉条件的山地育苗。

秋播：在土壤封冻前的9~11月均可进行。

3. 播种方法

有撒播和条播两种，一般育实生苗用撒播，育砧木苗用条播，以便于嫁接。每亩用纯净种子20~30千克，播后覆盖2~3厘米的细土或河沙。干旱或无灌溉条件的育苗地，播后可以用覆草或覆膜的方法保墒。但要注意的是，覆膜时苗床必须低于地面5~10厘米，以免出苗时产生灼苗。

4. 播后管理

播种后，有条件的，要及时灌水。秋播或低床育苗时，遇雨应及时排水。苗木出土后，应及时施肥、松土锄草、防治病虫。

培育的砧木苗

花椒嫁接苗繁育技术

1. 接穗选择

采穗树最好就近选择地势向阳、生长健壮、品质纯正、无病虫害的10年生左右的梅花椒、大红袍结果树，选择生长充实、皮刺较少的发育枝作为接穗。

2. 接穗采集与保存

花椒春季嫁接，接穗在1月底左右采集。采集后立即剪成20厘米、保留4~6个饱满芽的枝段，分品种扎捆，保鲜膜包裹，0℃~5℃低温保存。数量较少时可以贮藏于家用电冰箱冷藏室内备用，数量较大时，可用湿沙或湿土埋入地窖中保存。贮藏期间应经常检查，谨防接穗萌芽或发霉。

夏季嫁接接穗采集

3. 砧木品种选择及处理

夏季嫁接接穗最好随采随接，选用当年生带有饱满芽的枝条，留叶柄剪去叶片备用。需储藏的装入塑料袋放在低温、避光的地方。

砧木最好选用生长健壮的中龄八月椒采种育苗。二红袍（七月椒）和长把子椒也可以作为砧木。

春季嫁接无需提前处理砧木，嫁接时，在距地面30厘米处直接断头，并除去20厘米左右处的皮刺。

夏季嫁接应在接前一周左右，将砧木嫁接区以下的皮刺、叶片和侧枝全部除去，同时进行一次追肥，有条件的还可进行一

春季嫁接穗采集

次灌水，没有灌溉条件的，最好选在降雨后土地湿润时嫁接，有利于提高嫁接成活率。嫁接时，在嫁接区上方10厘米处剪砧，并在嫁接区以上留一片叶子，剪去其余的叶片。

4.嫁接方法

用嵌芽接法速度快、成本低、成活率高，嫁接时间为：春季3月中旬~4月中旬、夏季6月下旬~8月中旬。方法是：倒拿接穗，在接芽的上方2厘米左右下刀，斜向下削，在接芽背面略带木质，通过芽点，然后在芽下1厘米左右45° 角处斜削一刀，成楔形芽片；在砧木离地面15~20厘米高处，选光滑的一面，斜向下削一刀，上浅下深，长约3厘米，略带木质部，最后再在下部成45° 角斜削一刀，取下削片（削面大小与接芽基本一致）；迅速取下削好的芽片，嵌入砧木接口，对齐形成层（砧木削面大于接芽时，对齐一面形成层）；最后用塑料条自下向上留芽扎紧。

5.接后管理

接后及时除萌；10天前后注意观察，及时补接；接芽萌发后，即可解除绑扎条，并在接口上方1厘米左右剪砧；新梢长到30厘米时，及时摘心；同时进行中耕锄草、合理施肥、病虫害防治等工作。

嵌芽接

花椒园地整理技术

1.新建椒园整地

干旱少雨的地方，应提前在雨季来临前整地；降雨较多、土地条件好的地方或雨季栽植时，可以一边整地一边栽植。一般整块建园时用块状整地，地埂栽植用穴状整地或带状整地，荒山荒坡用反坡梯田或鱼磷坑整地。

块状整地：适应于面积较大、土地条件较好的地块。将用于建园的整块土地施足底肥，深耕耙平，定植穴规格：60×60×60厘米。

穴状整地：适用于地埂栽植，或者零星栽植。距埂边60cm，开挖60×60×60厘米的栽植穴，将表、心土分开堆放。

带状整地：适用于坡度较大、土地条件较差的地块。以设计好的行距为依据安排带心距，开挖宽1米、深30厘米的栽植带，栽植时在带内按株距挖定植穴。坡地沿等高线开挖，平地依地块形状，最好是沿东西走向开挖。

反坡梯田：适用于地势平缓的荒坡建园。坡面宽1~3米，外高内低，依等高线开挖，栽植时将定植穴安排在梯田外部。

鱼磷坑：适用于地形复杂、条件较差的荒山荒坡。依设计好的株行距修筑直径1~1.5米的形似鱼鳞的半圆形土坎，定植时再开挖定植穴。

块状整地

更新园地清理

2. 老园、病毁园更新整地

(1)时间及程序

早春进行园地清理，并进行第一次土壤消毒处理；至少一个月之后，进行园地土壤整理，并进行第二次土壤消毒处理。春季更新在第二次土壤消毒后即可进行。最好采用夏季(雨季)或秋季更新，园地土壤歇耕或种植农作物倒茬，预防效果更好。

(2)园地清理及消毒

为了彻底清除病源，建立高规格的椒园，对更新园地特别是病毁园的枯树老桩，连同零星尚有结果能力的椒树，于春季前连根一起挖除，及时运离现场或焚烧后挖坑填埋。同时，彻底清除园地内的枯枝落叶和杂草，并集中焚烧填埋。

因花椒老园特别是病毁园更新后，如不进行土壤消毒处理，花椒早期死亡现象严重。完成清园工作后，开挖的树坑不进行回填，维持原状，全园均匀喷洒一次石硫合剂原液，进行土壤消毒。

(3)园地整理及消毒

更新园地采用块状整地。首先将经过消毒处理的树坑打碎土块，进行回填整平，然后全园深耕耙平。翻耕后，再用70%甲基托布津可湿性粉剂500倍液或石硫合剂原液全园消毒。

(4)定植穴开挖及消毒

更新园定植采用大穴，定植穴规格：80×80×60cm。开挖时，将表土和心土分开堆放。栽植前，先将10千克农家肥与心土搅拌均匀，再用70%甲基托布津可湿性粉剂500倍液消毒后，搅拌回填。

花椒园地整理技术

1.苗木准备

（1）品种选择与搭配

品种选择以大红袍等早熟优质品种为主，栽培面积较大时，栽培适量二红袍，以解决采摘劳动力不足的问题。同时，建议保留少量的八月椒等抗逆性较强的品种作为砧木品种，以便于培育嫁接苗。

（2）苗木准备

一般自栽苗木应随起随栽，面积较大或距离较远时，可在前一天下午起苗。起苗时，应尽量多带毛根。苗木起出后，首先挑出符合标准的苗木，剪齐断根，以50厘米左右高度定干，剪除多余枝条；除雨季栽植外，春秋两季最好用混有保水剂或生根粉的泥浆蘸根后，以50或100株扎捆。运输距离较远时，应用湿麻袋遮盖或包裹。

2.栽植

（1）栽植密度

一般地埂椒株距3米左右为宜；整块建园株行距采用2×3米、3×4米，依据地力条件、栽培管理水平选择。建议采用2×3米株行距，待接近郁闭时，隔株间伐，变为4×3米。

（2）栽植时间

春、夏（雨季）、秋三季均可栽植。春植适合于海拔较高、降雨较多的地方；雨季栽植适合于小数量或补植；秋季栽植适合于大部分产区。

新起苗蘸根处理

栽植前放线打点

（3）栽植方法

花椒栽植，概括说，要做到“大坑、大肥、适水”。栽植穴不小于50×50×50厘米，并用足量农家肥与表土混匀回填后，再填入心土，待栽好苗木后，浇适量的定根水。建议使用保水剂。注意：混肥土壤不要直接与根系接触，以免烧根；待水分渗完后，覆土保墒，并在树干根茎处堆一个圆锥形的小丘，减少根腐病的发生。

定植建园

花椒嫁接换优技术（上）

1.品种选择

接穗宜选用大红袍等优良品种。砧木最好是生长健壮的中幼龄八月椒、二红袍（七月椒）等抗逆性较好的品种。

2.砧木处理

春季嫁接无需提前处理砧木，嫁接时，按大小和原树冠的从属关系确定嫁接位置和数量。幼龄树在距地面30~40厘米处直接断头，结果树则要多头高接，枝接在距离分叉15厘米左右光滑处断头，嵌芽接在距离分叉15厘米左右光滑处除去周围皮刺，在离嫁接部位10厘米左右断头。

夏季嫁接砧木处理

夏季嫁接应在接前一周左右，将砧木嫁接区周围12~14厘米范围内的皮刺、叶片和侧枝全部除去，同时进行一次追肥，有条件的还可进行一次灌水，没有灌溉条件的，最好选在降雨后嫁接，有利于提高嫁接成活率。嫁接时，剪去嫁接区以下的侧枝和叶片，在嫁接区上方10厘米左右处剪砧。

3.芽接

（1）嫁接时间

春季嫁接3~4月均可进行，但以3月下旬到4月中旬最好；夏季从6~9月均可进行，但以7月中旬到8月上旬最好。

接穗采集

接穗处理

嵌芽接方法高接换优

(2)接穗采集与保存

花椒春季嫁接，接穗采集时间不同，嫁接成活率差距明显，采集过早，保存时间长，接穗容易失水，影响嫁接成活率；采集时间过晚，芽萌动后，嫁接成活率下降明显。12月~3月初均可采集接穗，但以12月底为宜，嫁接成活率最高，如果考虑贮藏成本，尽量缩短贮藏时间，也可在1月底左右采集。采集后立即剪成20厘米左右、保留4~6个饱满芽的枝段，按品种扎捆，保鲜膜包裹，0~5℃低温保存。数量较少时可以贮藏于家用电冰箱冷藏室内备用，数量较大时，可用湿沙或湿土埋入地窖中保存。贮藏期间应经常检查，谨防接穗萌芽或发霉。

夏季嫁接接穗最好随采随接，选用当年生带有饱满芽的枝条，留叶柄剪去叶片备用。需储藏的装入塑料袋放在低温、避光的地方。

(3)嫁接方法

嵌芽接：在砧木嫁接区选择平滑处，除去周围皮刺；倒拿接穗，在接芽的上方2厘米处下刀，斜向下削，通过芽点，然后在芽下45° 角斜削一刀，成楔形芽片(接芽略带木质，大小与砧木削面基本一致)；在砧木处理好的嫁接区，选光滑的一面，斜向下削一刀，上浅下深，长约3厘米，略带木质部，最后再在下部成45° 角斜削一刀，取下削片；迅速取下削好的芽片，嵌入砧木接口，对齐形成层；最后用塑料条自下向上留芽扎紧。

花椒嫁接换优技术(中)

4. 枝接

(1)嫁接时间

花椒枝接适宜春季嫁接，3~4月均可进行，但以3月中旬到4月中旬最好。

(2)接穗采集处理及储存

枝接选择壮龄结果树上一年生向阳的健壮枝条作为接穗，接穗长10~15厘米，带2~3个饱满芽。接穗采集后最好进行蜡封处理，可以防止水分蒸发，节省其他保湿材料，提高嫁接效率，且嫁接成活率大大提高。

将石蜡10份、蜂蜡1份放入容器(铝锅、铁锅均可)，用火加热使蜡熔化，在蜡液中插入温度计，控制蜡液温度为100~110℃。可用夹子或筷子夹住接穗浸入蜡液中迅速蘸一下，甩掉表面多余的蜡液，使整个接穗表面包被一层薄而透明的蜡膜。注意蜡液温度不能过高或过低。温度过高(高于120℃)容易将接穗烫伤，这时可将容器撤离热源降温。温度过低(低于80℃)，蜡液变黏稠，蘸后蜡膜过厚发白，既浪费蜡，又在存放和运输中稍一撞动，蜡膜容易龟裂脱落。蜡封后可将接穗堆放在气温10℃以下，背阴、潮湿的室内，上面盖上塑料布蒙严即可；也可用湿沙或湿土埋入地窖中保存。贮藏期间应经常检查，谨防接穗萌芽或发霉。

(3)嫁接方法

单芽切接：选砧木断面光滑的一侧垂直切一刀，长约3厘米；在接穗下部削一个

削接穗

单芽切接

插皮接

插皮接方法高接换优

长3厘米的长削面，背面再削一个半厘米的短削面；然后，将接穗长削面向里，插入砧木切口中，对齐形成层；最后用塑料条扎紧。若接穗没有蜡封，用薄地膜条留芽包严接穗。

插皮接：选砧木断面光滑的一侧，横削一个宽约 1～2 厘米的月牙状斜面，在其边缘皮层上沿插穗点向下纵划一刀，深达木质部，长 3 厘米，用刀尖将树皮两边轻轻挑开。将接穗下端削成一个长约 5 厘米左右的马耳形削面，深达枝粗的 2 ／ 3，在削面背面末端两侧各削一刀，使接穗下端呈箭头状，并轻轻削去削面两侧的蜡层及少许皮层，接穗削面朝着木质部，插入接穗，上端露白0.3~0.5 c m，然后用塑料条绑紧即可。若接穗没有蜡封，用薄地膜条留芽包严接穗。

花椒嫁接换优技术（下）

除萌蘖

5. 接后管理

补接：接后10天左右，应注意及时观察，若接穗没有成活，在嫁接适宜期，应及时补接，如果过了嫁接期，每个接头可保留1～2根生长健壮的萌条，以备将来补接。

除萌蘖：嫁接后，在接穗萌发前，砧木上极易出现大量萌蘖，应及时彻底抹除，以免和接穗竞争养分。

解绑：当新梢长至15~20厘米以上时，要及时松开绑缚物，以防出现缢痕。当新梢长至50厘米以上时，即可解除绑缚物，以防接口处出现“蜂腰”，影响新梢生长和接口愈合。解除绑缚物时，要错开接穗将其划断，不要划伤愈伤组织。

绑防风柱：嫁接后新梢生长迅速，而接口愈伤组织很嫩，新梢极易被风吹折。当新梢长至20~30厘米以上时，应在砧木上绑缚1.0~1.5米长的木棍，采用“∞”形活绳扣把新梢绑在支棍上，随着新梢生长，应绑缚2～3次。

加强管理：嫁接成活后，根据生长情况，及时进行中耕锄草、合理施肥、病虫害防治等日常管理工作。

花椒园地深翻改土技术

1.土壤深翻时期

深翻改土在春、夏、秋季都可进行，春翻在土壤解冻后及早进行。春旱严重时，需及时灌水，才能收到良好的效果。夏翻要在雨季降第一场透雨后进行，特别是一些没有灌溉条件的山地，可使根系和土壤密结，效果较好；秋季一般在果实采收后至晚秋进行，也可结合秋施基肥进行，深翻后经过冬季，有利土壤风化和积雪保墒，故这是有灌溉条件椒园较好的深翻时期。但在冬季严寒、空气干燥的地区，以在夏季深翻为好，但要注意少伤根和多灌水，否则容易造成落叶。

2.土壤深翻方法

深翻土壤的深度与立地条件、树龄大小及土壤质地有关，一般为50~60厘米，比根系主要分布层稍深为宜，土层薄的山地，下部为风化的岩石或土质较黏重的要适当深一些；否则可浅一些。深翻改土的方法有以下几种。

(1)穴盘深翻

自定植穴边缘开始，每年或隔年向外扩展50~150厘米、深50~100厘米的环状沟，把其中的沙石、劣土掏出，填入好土和有机质。这样逐年扩大，至全园翻完为止。

(2)隔行或隔株深翻

即先在一个行间深翻留一行不翻，第二年或几年后再翻未翻过的一行。若为梯田，一层梯田一行树，可以隔2株深翻一个株间土壤。这种方法，每次深翻只伤半面根系，可避免伤根太多对椒树生长不利。

(3)里半壁深翻

山地梯田，特别是较窄的梯田，外半部土层较深厚，内半部多为硬土层，深翻时只翻里半部，从梯田的一头翻到另一头。把硬土层一次翻完。

全园深翻

(4)全园深翻

除树盘下的土壤不翻外，一次全面深翻。这种方法因为一次完成，便于机械化施工和平整土地，只是容易伤根过多。因此，多用于幼龄椒园。

(5)带状深翻

主要用于宽行密植的椒园。即在行间自树冠外缘向外逐年进行带状深翻。

不论何种深翻方法，其深度应根据地势、土壤性质而定。

深翻时表土与心土分别放置，填土时表土填底部和根的附近，心土铺在上面，以利熟化，沙地几十厘米深有黏土层(淤土、胶泥板)时，应将此层打破，把沙土翻下与土或胶泥拌合。

深翻时最好结合施入有机肥以改良土壤结构和提高肥力。下层可施入秸秆、杂草、落叶等，上层可施入腐熟的有机肥和土拌合填入。深翻时要注意保护根系，少伤粗1厘米以上的大根，必需避免根系暴露时间太久，造成冻害。粗大的断根最好将断面剪平，以利愈合。

花椒园地覆盖技术

1. 树盘覆膜

早春土壤解冻后灌水，然后覆膜，以促进地下根系及早活动。做法为：以树干为中心做成内低外高的漏斗状，要求土面平整，覆盖普通农用地膜，使膜土密接，中间留1孔，并用土将孔盖住，以便渗水，最后将薄膜四周用土埋住，以防被风刮掉。树盘覆盖大小与树冠相同。

覆盖地膜能减少土壤水分散失，提高土壤含水率，又提高了土壤温度，使花椒树地下、地上活动提早。在干旱地区地膜覆盖对树体生长的影响效果更显著。

椒园覆草

2. 园地覆草

在春季花椒树发芽前，树下浅耕1次，然后覆草10~15厘米厚。低龄树因考虑作物间作，一般采用树盘覆盖；而对成龄花椒园，已不适宜间作作物，一般采用全园覆盖，以后每年续铺，保持覆草厚度。适宜作覆盖材料的品种很多，如厩肥、落叶、作物秸秆、锯末、杂草、河泥或其他土杂肥混合而成的熟性肥料等。原则是“就地取材，因地而异”。

花椒园连年覆草有多重效益。一是覆盖物腐烂后，表层腐殖质增厚，土壤有机质含量以及速效氮、速效磷量增加，明显地培肥了土壤；二是平衡土壤含水量，增加土壤持水功能、减小径流、减少蒸发、保墒抗旱；三是调节土壤温度，4月中旬0~20厘米深处的土壤温度，覆草比不覆草平均低0.5℃左右，而冬季最冷月1月份平均高0.6℃左右，夏季有利于根系的正常生长，冬春季可延长根系活动时间；四是增加根量，促进树势健壮，其覆草的最终效应是花椒树产量的提高。

花椒园覆草效应明显，但要注意防治鼠害。

3. 种植绿肥

成龄花椒园的行间，一般不宜间作作物。如果长期采用“清耕法”管理，即耕后休闲，土壤有机质含量将逐渐减少，肥力下降，同时土壤易受冲刷，不利于花椒园的水土保持。花椒园间作绿肥，提高土壤肥力的功效，并达到以园养园的目的。

种植绿肥

花椒园地松土除草技术

1. 中耕除草

中耕除草常因树龄、间作物种类、天气状况等而不同。一般进行第一次锄草和松土应在杂草刚发芽的时候。锄草松土的时间越早，以后的管理工作就越容易。第二次锄草松土应在6月底以前。在椒树栽植后的前几年内，特别要重视锄草松土，第1年是4~5次；第2年是3~4次；第3年是2~3次；第4年是1~2次。在杂草多，土壤容易板结的地方，每下过一场雨后，就应松土1次。所以中耕松土的次数，还要按照当地具体情况而定，特别是春旱时，以及灌水或降水后，均应及时中耕。因而在生长期要做到“有草必除，雨后必除，灌水后必除”。实行间作的椒园，中耕次数和时间，还应根据作物的需要，给予及时调整。

中耕除草

2. 覆盖法除草

在北方花椒产区，春季干旱，对花椒新梢生长和开花坐果影响很大。此时，若无灌溉条件，防旱保墒显得尤为重要。防旱保墒的措施很多，除整修梯田、深翻改土、加厚土层、中耕除草以外，一些管理较好的椒园，采用地面覆盖的方法，避免阳光对椒园地面的直接照射，有效地减少地面蒸发。

地面覆盖以覆草效果最好，覆草一般可用稻草、谷草、麦秆、绿肥、山地野草等。覆盖厚度约为5厘米左右，覆盖的范围应大于树冠的范围，盛果期则需全园覆盖。覆盖后，隔一定距离压一些土，以免风刮，等果实采收后，结合秋耕将覆盖物翻入土中，然后重新覆盖或在间作作物收获后，即把所有庄稼秸秆全部打碎铺在地里，使其腐烂。以增加土壤有机质，改善土壤结构。

3.药剂除草

化学除草剂的种类很多，性能各异，根据其对植物作用的方式，可分为灭生性除草剂和选择性除草剂。灭生性除草剂对所有植物都有毒性，如五氯酚钠、百草枯等，花椒园禁用。选择性除草剂是一定剂量范围内，对一定类型或种属的植物有毒性，而对另一些类型或种属的植物无毒性或毒性很低，如扑草净、利谷隆、茅草枯等。所以使用除草剂前，必须首先了解除草剂的效能、使用方法，并根据椒园杂草种类对除草剂的的敏感程度及忍耐性等决定使用除草剂的种类、浓度和用药量。

无公害花椒园禁止使用除草醚和草枯醚，这两种除草剂毒性残效期长，有残留。

花椒园间作技术

椒园间作农作物

椒园间作育苗

幼龄花椒园株行间空隙地多，合理间种作物可以提高土地利用率，增加收益，以园养园。成年花椒园种植覆盖作物或种植也属花椒园间作，但目的在于增加土壤有机质，提高土壤肥力。

花椒园间作的根本出发点，在考虑提高土地利用率的同时，要注意有利于花椒树的生长和早期丰产，且有利于提高土壤肥力。切莫只顾间作，不顾花椒树的死活。

花椒园可间作蔬菜、花生、豆科作物、薯类、中药材、绿肥、花卉育苗等低杆作物，也可以轮换行间育苗；不可间作高粱、玉米等高杆作物，以及瓜类或藤本等攀缘植物；同时间作的作物不能有与花椒树相同的病虫害或中间寄主。长期连作易造成某种作物病原菌在土壤中积存过多，对花椒树和间作作物生长发育都不利，故宜实行轮作和换茬。间作形式1年1茬或1年2茬均可。为缓和间种作物和花椒树的肥水矛盾，树行上应留出1米不间作的营养带。

花椒合理施肥技术

1.施肥种类及时间

基肥：基肥主要以迟效性农家肥为主，施用时期分为秋施和春施。春施时间在解冻后到萌芽前。秋施在花椒树落叶前后，即秋末冬初结合秋耕或深翻施入，以秋施效果最好。此时根系尚未停止生长，断根后易愈合并能产生大量新根，增强了根系的吸收能力，所施肥料可以尽早发挥作用；地上部生长基本停止，有机营养消耗少，积累多，能提高树体贮存营养水平。增强抗寒能力，有利于树体的安全越冬；能促进翌年春季新稍的前期生长，提高坐果率；花椒树施基肥工作量较大，秋施相对是农闲季节，便于进行。

环状沟施肥

追肥：追肥主要以速效肥即化肥为主。在施基肥的基础上，为了保证当年丰产并为翌年丰产奠定基础，根据花椒各物候期的需肥特点，进行追肥。追肥在一个生长期内不得少于两次，第一次在花蕾膨大到开花期，以促进树体营养生长和提高坐果率。第二次在花椒成熟前一个月施，以提高花椒果实品质，保障来年丰产。

2.施肥量

花椒树一生中需肥情况，因树龄的增长、结果量的增加及环境条件变化等而不同。依据土壤肥力水平、树体生长状况及花椒树不同时期对养分的需求变化来确定施肥量。一般山地、丘陵、沙地花椒园土壤

叶面喷施

瘠薄，施肥量宜大；土壤肥沃的平地花椒园，养分含量较为丰富，可释放潜力大，施肥量可适当减少。

花椒园施肥还受树龄、树势、地势、土质、耕作技术、气候情况等方面的影响，一般原则是：有机肥料、无机肥料要含量搭配，幼树以氮肥为主，成年树在施氮肥的同时，注意增施磷、钾肥。据各地丰产经验，施肥量依树体大小而定，随着树龄增大而增加。一般中等肥力的园地，2~5年生树，株施农家肥10~15千克、磷肥0.3~0.5千克、硫酸铵0.2~0.3千克；6~8年生树，株施农家肥15~25千克、磷肥0.5~0.8千克、硫酸铵0.5~1.0千克；9年生以上盛果树，株施农家肥25~50千克、磷肥0.8~1.5千克、硫酸铵1.0~1.5千克。其中基肥用量占80%~90%，追施用量占10%~20%。施肥量应灵活掌握，土壤肥沃、树体健壮的，可以少施，土壤瘠薄、树势较弱的，应该多施。

3.施肥方法

施肥方式有基肥和追肥两种。施肥方法主要为土壤施肥，根外追肥一般只用于矮密丰产园。基肥应结合土壤翻耕、灌水进行；第一次追肥结合第一次松土除草进行，第二次追肥结合伏天除草进行。具体讲，基肥用环状沟施法为好。追肥用环状沟施法、放射状沟施法、条状沟施法或穴状施法；矮密丰产园第三次追肥用叶面喷施的方法根外追肥为好，用量为：尿素0.3%~0.5%，过磷酸钙0.5%~1%，硫酸钾0.2%~0.3%，均匀喷遍全树。

花椒园水分管理技术

1.灌水时期

花椒一年中灌水的关键时期是萌芽期、坐果期、果实膨大期、封冻期4个时期。在气温较高、土壤比较干旱的夏季,需视情况及时补充灌水。7月份以后视降水情况,尽量少灌水。在夏季天热时应选择早晚灌水,不宜中午或下午灌水,否则会因突然降温而导致根系吸水功能下降,造成花椒生理干旱而死亡。多雨地区可不灌水,保持土壤水分以中午树叶不萎蔫,秋稍不旺长为宜,有利于营养物质的积累,促进花芽分化。

2.灌水方法

行灌:在树行两侧,距树各50厘米左右修筑土埂,顺沟灌水。行较长时,可每隔一定距离打1横渠,分段灌水。该法适于地势平坦的幼龄椒园。

分区灌水:把花椒园划分为许多长方形或正方形的小区,纵横做成土埂,将各区分开,通常每一棵树单独成为1个小区。小区与田间主灌水渠相通。该法适于花椒树根系庞大、需水量较多的成龄花椒园,但极易造成全园土壤板结。

树盘灌水:以树干为中心,在树冠投影以内的地面,以土作梗围成圆盘。稀植的平地花椒园、丘陵区台地及干旱坡地花椒园多采用此法。稀植的平地花椒园,树盘可与灌溉沟相通,水通过灌溉沟流入树盘内。

穴灌:在树冠投影的外缘挖穴,将水灌入穴中。穴的数量依树冠大小而定,一般为8~12个,直径30厘米左右,穴深以不伤根为准,灌后覆土还原。干旱地区的灌水穴可不覆土而覆草。此法用水经济,浸湿根系范围的土壤较宽而均匀,不会引起土壤板结,在干旱地区尤为适用。

环状沟灌:在树冠投影的外缘修一条环状沟进行灌水,沟深宽均为20~25cm。适宜范围与树盘灌水相同,但更省水,尤其适用树冠较大的成龄花椒园。灌毕封土。

3.覆盖保墒

干旱山地,采用引集雨水和树盘覆盖措施是蓄水保墒、减少土壤水分散失的有效方法。一般在树盘下或树行内覆盖作物秸秆如麦草等覆盖物，有条件时覆盖地膜，效果更好。覆盖范围主要在树冠投影下，也可适当向外扩展。秸秆覆盖厚度为10~20厘米。覆盖用秸秆要干净，注意不能带有病菌、虫卵或杂草种子。秸秆腐烂后，应尽快翻入土壤，重新覆盖。

4. 排水

短期内大量降水，连阴雨天都可能造成低洼花椒园积水，致使土壤水分过多，氧气不足，抑制根系呼吸，降低吸收能力，严重缺氧时引起根系死亡，在雨季应特别注意低洼易涝区要及时排水。

椒园覆草

花椒整形修剪的依据

1. 自然条件和栽培技术

整形修剪时，应考虑当地的气候、土肥条件、栽植密度、病虫防治以及管理等情况。一般土层深厚肥沃、肥水比较充足的地方，花椒树生长旺盛，枝多冠大，对修剪反应敏感。因此，修剪适量轻些，多疏剪，少短截。反之，在寒冷干旱、土壤瘠薄、肥水条件不足的山地，花椒树生长较弱，对修剪反应敏感性差。整形修剪时，修剪量稍重些，多短截、少疏剪。

2. 树龄和树势

对幼树的要求，主要是及早成形，适量结果；盛果期的树势渐趋缓和，栽培的要求是高产稳产，延长盛果期年限；衰老期树势变弱，栽培的要求是更新复壮、恢复树势。树势强弱主要根据外围一年生枝的生长量和健壮情况，秋梢的数量和长度，芽的饱满程度和叶痕的表现等来判断。1年生枝较多而且年生长量大，秋梢多而长，2~3年生部位中、短枝多，颜色光亮，皮孔突出，芽大而饱满，内膛枝的叶痕突出明显，说明树体健壮。如外围1年生枝短而细，春梢短，秋梢长，芽瘦小，短壮枝少，色暗，皮层薄，说明营养积累少，树势较弱。

3. 树体结构

整形修剪时，要考虑骨干枝和结果枝组的数量比例、分布位置是否合理、平衡和协调。如配置分布不当，会出现主、从不清枝条紊乱、重叠拥挤、通风透光不良，各部分发展不平衡等现象，必然会影响正常的生长和结果，须通过修剪，逐年予以解决。

各类结果枝组的数量多少、配备与分布是否适当，枝组内营养枝和结果枝的比例及生长情况，都是直接影响光能利用、影响枝组寿命和高产稳产的因素。对于枝组强弱，结果枝多少，应通过修剪逐年进行调整。

4. 结果枝和花芽量

留多少结果枝和花芽量，对不同年龄时期，结果枝和营养枝应有适当比例，幼树期营养枝多而旺，结果枝很少，则不能早结果和早期丰产。成年树结果枝过多而营养枝过少时，消耗大于积累，不利于稳产。老年树结果枝极多，而营养枝极少，而且很弱，说明树势已弱，需要更新复壮。

花芽数量和质量是反应树体营养的重要标志，营养枝茁壮，花芽多，肥大饱满，鳞片光亮，着生角度大而突出，说明树体健壮。而枝梢削弱，花量过多，芽体瘦小，角度小而紧贴枝条，说明树体衰弱。修剪时应根据当地各种条件恰当地确定结果枝和花芽留量，以保持树势健壮，高产稳产。

山地椒园

花椒修剪时期、方法及主要树形

1. 修剪时期

花椒的整形修剪，一般可分为冬季修剪和夏季修剪两种。从花椒树落叶后到翌年发芽前的一段时间内进行修剪的叫冬季修剪，也叫休眠期修剪。在花椒树生长季节进行的修剪叫夏季修剪，也叫生长期修剪。冬季修剪能促进生长，夏季修剪能促进结果。

2. 修剪方法

短截：短截是剪去一年生枝条的一部分，留下一部分，是花椒树修剪的重要方法之一，也叫短剪。短截依据剪留枝条的长短，常分为轻短截、中短截、重短截和极重短截。

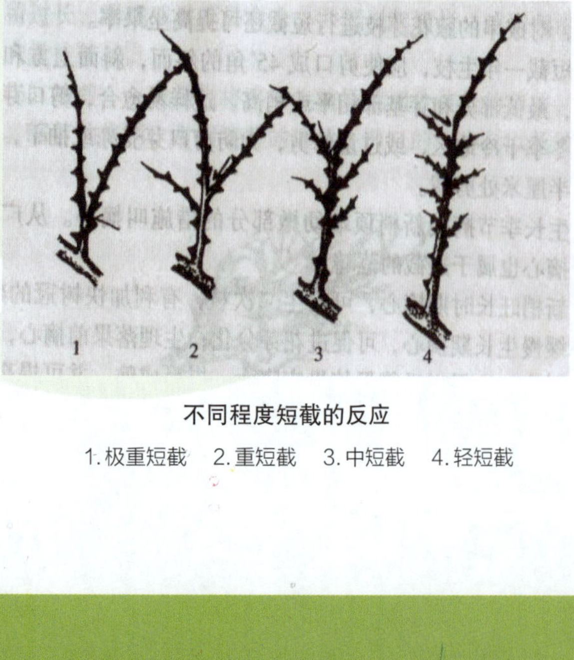

不同程度短截的反应

1. 极重短截　2. 重短截　3. 中短截　4. 轻短截

轻短截：剪去枝条的少部分，截后易形成较多的中、短枝，单枝生长较弱，但总生长量大，母枝加粗生长快，可缓和枝势。

中短截：在枝条春梢中上部饱满芽处短截。截后易形成较多的中、长枝，成枝力高，单枝生长势较强。

重短截：在枝条中、下部短截，截后在剪口易抽生1~2个旺枝，生长势较强，成枝力较低，总生长量较少。

极重短截：截到枝条基部弱芽上，能萌发1~3个中短枝，成枝力低，生长势弱。

摘心：广义上也属于短截的范畴，即生长季节摘去新稍顶端幼嫩部分的措施。可促进花芽分化，提高坐果率，促使果实膨大，提早成熟，并可提高果实的品质。对徒长枝多次摘心，可使枝芽充实健壮，提高越冬能力。

疏剪：又叫疏枝。即把枝条从基部剪除的修剪方法。疏枝造成的伤口，对营养物质运输起阻碍作用，而伤口以下枝条得到根部的供应相对增强，有利于促进生长。

缩剪：一般是指多年生枝短截到分枝

多主枝丛状形树形

自然开心形树形

处的剪法，也叫回缩。缩剪可以降低先端优势的位置，改变延长枝的方向，改善通风透光条件，控制树冠的扩大。

甩放：又叫缓放、长放，是对1年生枝不剪的方法。甩放有缓和新稍生长势和减低成枝力的作用。

3. 主要树形

多主枝丛状形：无明显主干，直接从干基着生3~5个方向不同、长势均匀的主枝。主枝上着生2个侧枝，侧枝距干基和一、二级侧枝间距均为50厘米左右。结果枝均匀安排在主、侧枝上。

自然开心形：有明显主干，在主干上培育3个上下位置错开的夹角60° 左右的枝条作为主枝，在主枝上再培养2~3个侧枝，就形成了自然开心形树形。

花椒幼树整形技术

1.自然开心形

定干：栽植后随即定干，通常定干高度30~50厘米。定干时剪口下10~15厘米范围叫“整形带”，要求有6个以上饱满芽，苗木发芽后，及时抹除整形带以下的芽子。如果栽植2年生苗，在整形带已有分枝，可适当短截，保留一定长度，合适时选作主枝。

定植后第1年修剪：在当年萌发的新梢中选3个分布均匀、生长强壮的枝条作主枝。其他枝条采用拉、垂、拿的方法，控制生长，使其水平或下垂生长，作为辅养枝。6月上中旬，主枝长到50~60厘米时摘心，促发二次枝，培养第一侧枝，同级侧枝选在同一方向(主枝的同一侧)。初冬或翌年春季休眠期修剪时，主枝、侧枝均应在饱满芽处下剪，剪口芽均应选留外芽。各主枝应与垂直方向保持60° 左右的夹角，若主枝角度、方位不够理想时，可用左芽右蹬右芽左蹬法或拉、垂等方法进行调整。3主枝外的重叠、交叉、影响主枝生长的枝条一律从基部疏除，不影响主枝生长的可适当保留为辅养枝。

定植后第2年修剪：主枝延长到40~50厘米时摘心，培养第二侧枝，其方向与第一侧枝相反。其他枝条长甩长放，5~6月采用拉、垂的办法使其下垂，或多次轻摘心。初冬或翌年春季休眠期修剪基本同第1年。

定植后第3年修剪：主枝延长到60~70厘米时摘心，培养第三侧枝，其方向与第二侧枝相反，与第一侧枝相同。侧枝上视其空间大小培养中小型枝组。初冬或翌年春季休眠期疏除少量过密枝，短截旺枝。

定植后第4年修剪：对主枝顶端生长点

幼树冬季拉枝

及长旺枝，5月后均进行多次摘心，夯实内膛枝组，初冬或翌年春季休眠期修剪时，对过密枝及多年长放且影响主枝、侧枝生长发育的无效枝进行疏除或适当回缩，即可完成整形。

2. 多主枝丛状形

定植后第1年修剪：栽后随即截干，截干高度约20厘米。在剪口下萌发数芽，长出多个枝条，选择4~5个着生位置理想且布局均匀、生长健壮的枝条作为主枝，其他枝条不疏除，采用撑、拉、别等方法，使其水平或下垂生长。夏季，所留主枝长至60~70厘米时进行摘心。摘心时注意留外边的芽，培养第一侧枝。注意将第一侧枝留在同一方向。初冬或翌年休眠期修剪基本同自然开心形第1年初冬、翌年春修剪方法。

定植后第2年修剪：主枝延长到60~70厘米时摘心，培养第二侧枝，其方向与第一侧枝相反。其他枝条的处理、夏季整形修剪及初冬或翌年春季休眠期修剪参照自然开心形的第2年修剪方法。

定植后第3年修剪：对主枝顶端生长点及长旺枝，5月后均进行多次轻摘心，夯实内膛枝组，初冬或翌年春季休眠期修剪时，对过密枝及多年长放且影响主枝、侧枝生长发育的无效枝进行疏除或适当回缩，即可完成整形。

花椒结果初期树修剪技术

1. 主要任务

花椒从结果开始到第六年形成产量，这一时期是结果初期，主要任务是：适量结果的同时，继续扩大树冠，培育好骨干枝，调整骨干枝长势，有计划地培养结果枝组，处理和利用好辅养枝，调整好生长和结果的矛盾，促进结果，合理利用空间，为稳产高产打下基础。

2. 骨干枝的修剪

根据树体结构，初果期虽然主、侧枝头一般不再增加，延长枝剪留长度应比前期短，一般剪留30~40厘米，粗壮树势旺的可适当留长一点，细弱的可适当短一点。要维持延长枝头45° 左右的开张角度。对长势强的主枝，可适当疏除部分强枝，多缓放，轻短截；对弱主枝，可少疏枝，多短截。

对有生长空间的枝和平缓枝甩放；过旺枝、直立枝通过拉、别、垂等措施，或者进行轻截，培养结果枝组；疏除过密枝、交叉枝；重叠枝去直立，留平斜，并依据空间适度短截；对徒长枝，在幼树整形期间，要严格控制，并在春季尽早抹除。原则是尽量利用，注意观察，灵活采取措施，以扩大树冠为目的，多结果为准则。

3. 结果枝组的培养

结果枝组是骨干枝和辅养枝上的枝群，经过多年的分枝，转化为年年结果的多年生枝。结果枝组可分为大、中、小3种类型。一般小型枝组具有2~10个分枝，中型枝组有分枝10~30个，大型枝组有分枝30个以上。花椒由于连续结果能力强，容易

先截后放法

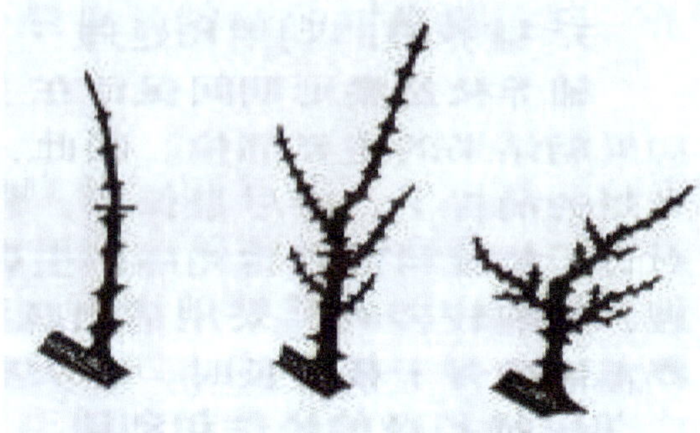

先截后缩法

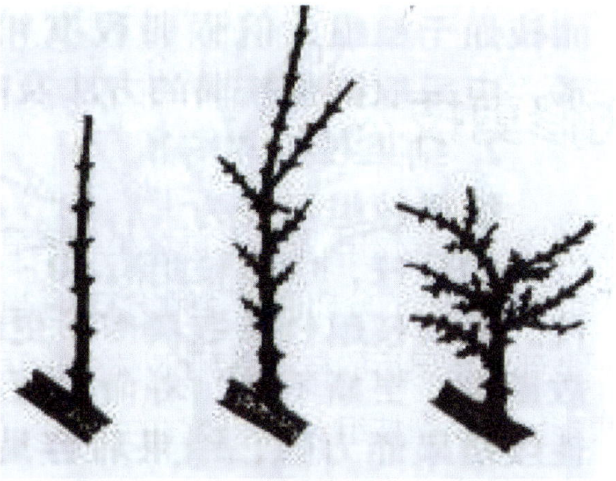

先放后缩法

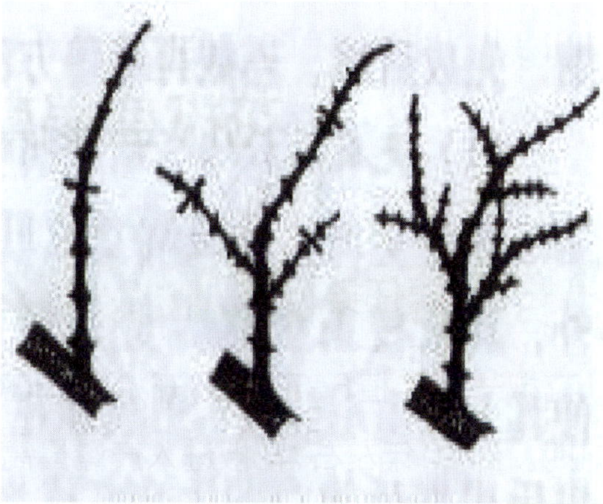

连截再缩法

形成鸡爪状结果枝群，所以必须注意配置相当数量的大、中型结果枝组。由于各类枝组的生长结果和所占空间的不同，枝组的配置要做到大、中、小交错排列。

由1年生枝培养结果枝组的修剪方法，常用的有以下几种：

先截后放法：选中中庸枝，第1年进行中度短截，促使分生枝条，第2年全部缓放，或疏除直立枝，保留斜生枝缓放，逐步培养成中、小型枝组。

先截后缩法：选用较粗壮的枝条，第1年进行较重短截，促使分生较强壮的分枝，第2年再在适当部位回缩，培养中、小型结果枝组。

先放后缩法：花椒中庸枝较弱的枝，缓放后很容易形成具有顶花芽的小分枝，第2年结果后在适当部位回缩，培养成中小型结果枝组。

连截再缩法：多用于大型枝组的培养，第1年进行较重短截，第2年选用不同强弱的枝为延长枝，并加以短截，使其继续延伸，以后再回缩。

花椒盛果期树修剪技术

1. 主要任务

花椒一般定植6~7年后，开始进入盛果前期。到10年左右，花椒进入产量最高的盛果期。此阶段主要是调节生长和结果之间的关系，修剪的主要任务是维持健壮而稳定的树势，继续培养和调节各类结果枝组，维持结果枝组的长势和连续结果能力，实现树壮、高产、稳产的目的。

2. 骨干枝修剪

初期仍以壮枝带头，盛果期后，可用长果枝带头，使树冠保持在一定范围内。同时要适当疏间外围枝，达到疏外养内，疏前促后的效果，以增强内膛枝条的长势。盛果后期，应及时回缩，用斜上生长的强壮枝带头，以抬高枝头角度，复壮枝头。

3. 结果枝组的修剪

通过合理短截不断进行结果枝组更新，使大、中、小结果枝组的比例保持在1:3:10的水平，要采取压强扶弱的方法，维持树型。对密集的辅养枝，有空间的通过中截培养成结果枝组，其余疏除。小型枝组及时疏除细弱的分枝，保留强壮分枝，适当短截部分结果后的枝条，复壮树体生长结果能力。中型枝组要选用较强的枝带头，稳定生长势，并适时回缩，防止枝组后部衰弱。大型枝组调整生长方向，控制生长势，把直立枝组引向两侧，对侧生枝组不断抬高枝头角度，采用适度回缩的方法，不使其延伸过长，以免枝组后部衰弱。

4. 结果枝的修剪

盛果期树，结果枝一般占总枝量的90%以上。据对盛果期丰产树的调查，在

盛果期椒树拉枝

结果枝中，长果枝占10%~15%，中果枝占30%~5%，短果枝占50%~60%，一般丰产树按冠投影面积计算，每平方米有果枝200~250个。结果枝的修剪，应保持一定数量的长、中果枝，以疏剪为主，疏剪与回缩结合，疏弱留强，疏短留长，疏小留大。

5.加强夏季修剪

花椒进入结果期后，常从根茎和主干上萌发很多萌蘖枝。随着树龄的增加，萌蘖枝也愈来愈多，应及时抹除。萌蘖枝多发生在5~7月份，除萌应作为此期的重要管理措施。

盛果期后，特别是盛果末期，内膛常萌发很多徒长枝，要及早处理。凡不缺枝部位生长的徒长枝，应及时抹芽或及早疏除。骨干枝后部或内膛缺枝部位的徒长枝，选择生长中庸的侧生枝，于夏季长至30~40厘米时摘心，冬剪时去强留弱，引向两侧。

花椒放任树改造技术

1. 修剪任务

放任树一般是指种植户不进行修剪，管理十分粗放，任其自然生长的花椒树。放任树的表现是：骨干枝过多、枝条紊乱、先端衰弱、落花落果严重，每果穗结果粒很少，产量低而不稳。放任树改造修剪的任务是：改善树体结构，复壮枝头，增强主侧枝的长势，培养内膛结果枝组，增加结果部位。

2. 放任树的修剪方法

树形的改造：放任树的树形是多种多样的，应本着因树修剪，随枝作形的原则，根据不同情况区别对待。一般多改造自然开心形或自然丛状形。

骨干枝和外围枝的调整：放任树一般大枝(主侧枝)过多。首先要疏除扰乱树形严重的过密枝，重点疏除中、后部光秃严重的重叠枝、多叉枝，一般应有计划地在2~3年内完成，要避免一次疏除过多。影响光照的过密枝，应适当疏间，去弱留强；已经下垂的适当回缩，抬高角度，复壮枝头，使枝头既能结果，又能抽生比较强的枝条。

结果枝组的复壮：对原有枝组，采取缩放结合的方法，在较旺的分枝处回缩，抬高角度，增强生长势，提高整个树冠的有效结果面积。内膛枝组的培养，应以大、中型结果枝组为主。

徒长枝的处理：骨干枝萌发的徒长枝，无用的要在夏季及时除萌。有生长空间的，采用多次摘心的方法有计划地培养成内膛结果枝组。

3. 放任树的分年改造

大树改造的修剪，要因树制宜。第1年

放任树修剪

以疏除过多的大枝为主，同时要对主侧枝的领导枝进行适度回缩，以复壮主侧枝的长势。第2年主要是对结果枝组复壮，使树冠逐渐圆满。对枝组的修剪，以缩剪为主，疏剪结合，使全树长势转旺。同时要有选择地利用主侧枝中、后部的徒长枝培养成结果枝组。第3年主要是继续培养好内膛结果枝组，增加结果部位，更新衰老枝组。

4. 加强采椒后的树体管理

秋施基肥：秋施基肥种类以农家肥为主，并适量添加化肥掺匀施入。一般结果盛期树，每株施50千克农家肥加0.5千克复合肥，采用开沟施肥法。秋施基肥从9月份开始至落叶前均可进行，但以早施效果为好。

控制旺枝生长：树势较旺，枝条木质化程度较差的这类树，采椒后至9月底，应向树体喷布2次15%的多效唑500倍液~700倍液，喷布的间隔期10~15天。

防治病虫害：采摘花椒后，要及时剪除枯枝和死树，清除椒园落叶和杂草，集中烧毁，减少越冬病原和虫口密度。对曾经受花椒锈病、落叶病和花椒跳甲、潜叶蛾等病虫为害严重的花椒园，果实采摘后应尽快喷布15%粉锈宁1000倍液加水胺磷1000倍液，或50%甲基托布津可湿性粉剂300倍液~500倍液加敌杀死1500倍液。

花椒衰老树修剪技术

1. 修剪任务

当树势衰弱，骨干枝先端下垂，出现大枝枯死，外围枝生长很短，都变为中短果枝，结椒部位外移，产量开始下降，即表明花椒进入衰老期。此时修剪的主要任务是：及时而适度地进行结果枝组和骨干枝的更新复壮，培养新的枝组，延长树体寿命和结果年限。

2. 更新修剪方法

依据树体衰老程度而定，树体刚进入衰老期时，可进行小更新，以后逐渐加重更新修剪的程度。当树体已经衰老，并有部分骨干枝开始干枯时，即需进行大更新。

小更新：对主侧枝前部已经衰老的部分，进行较重的回缩。一般宜回缩在4~5年生的部位。选择长势强、向上的枝组，作为主侧枝的领导枝，把原枝头去掉，以复壮主侧枝的长势。同时，对外围枝和枝组也进行较重的复壮修剪，用壮枝壮芽带头，以使全树复壮。

大更新：应分期分批更新衰老的主侧枝，在主侧枝1/3~1/2处进行重回缩。回缩时应注意带头枝具有较强的长势和较多的分枝，有利于更新。要充分利用内膛徒长

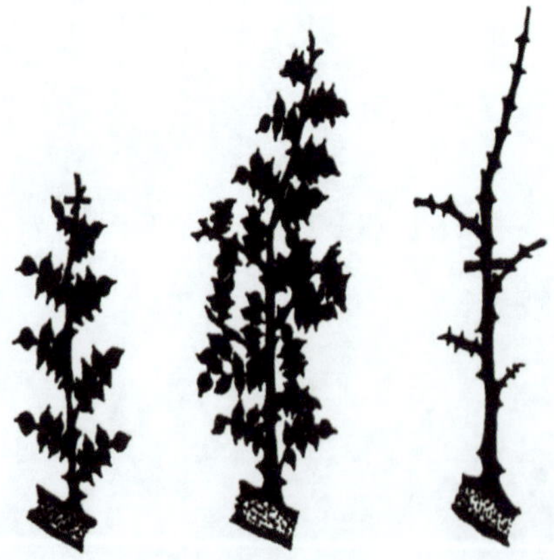

徒长枝处理方法

抬高枝头角度

枝、强壮枝来代替主枝，并重截弱枝留强枝，短截下部枝条留上部的枝条。对外围枝，应先短截生长细弱的，采用短截和不剪相结合的办法进行交替更新。

3. 偏冠树改造

一般放任树的枝干都较直立，应采取撑、拉、别、坠等方法或在修剪时注意留枝条等，使之长出角度大的新枝；还可采用背后枝换头的方法，开张角度，要使开张的角度向偏少方向延伸。充分利用一切可以利用的枝条，扩大偏少部分的树冠，使之尽快达到全树平衡。

4. 根系修剪

在树冠外缘的下垂处，挖1条深、宽各为50~100厘米的环状沟，挖沟时遇到直径1.5厘米粗的根系时将其切断，断面要平滑，以利伤口愈合。根系修剪时期以9月下旬至10月上旬效果较好，有利于断根愈合和新根形成。修根量每年不可超过根群的40%，或以达到1.5厘米粗根系的1/3为宜。

5. 注意事项

要加强肥水管理，促使树势尽快恢复。

修剪时首先剪去干枯枝、过密枝、病虫枝并及时烧毁。

在修剪过程中，一般不要锯大枝。如非锯不可，则锯口一定要平整光滑，并在锯口上涂抹保护剂(接蜡、波尔多液等)。

冬季修剪必须与夏季修剪相互结合，互为补充。

花椒凤蝶防治技术

花椒凤蝶又名黄黑凤蝶、柑橘凤蝶、春凤蝶、黄波罗凤蝶、黄纹凤蝶，俗称花椒虎、黄凤蝶等。

1.危害

该虫主要以幼虫啃食花椒叶片和嫩芽，将叶食成缺刻或孔洞，甚至将苗木和幼树叶片全部食光，对椒树生长和结果影响很大。

2.形态特征

成虫：黄绿色，春型体长21~24毫米，翅展69~75毫米，夏型体长27~30毫米，翅展91~105毫米，雄虫较小。前后翅均为黑色，前翅近外缘有8个黄色月牙斑，翅中央从前缘至后缘有8个由小渐大的黄斑，中室有新月形黑色粗横斑两个和4条纵行黄色条纹。后翅近外缘有6个新月形黄斑，基部有8个黄斑。臀角处有一橙黄色圆斑，斑中央有两个黑点，有尾突。触角端部膨大。

卵：球形，直径1.0毫米。初产时为淡白色，后变为深黄色，孵化前为黑色。

幼虫：体长40~48毫米。3龄前体色如同鸟粪，体表生有肉刺状突起。3龄后幼虫黄绿色，后胸背面的蛇眼状纹左右连接成马蹄形。前胸的臭角为橙黄色。腹部有两条黑色细斜线。

蛹：长约30毫米，淡绿色略呈暗褐色，体较瘦，头顶有两个突起，胸部背面有一尖突。

花椒凤蝶成虫

花椒凤蝶幼虫（低龄）

3. 防治方法

(1)人工方法

秋末冬初及时清除越冬蛹。5~10月间人工捕捉幼虫和蛹。也可利用成虫的趋光性，在6~7月份安装黑光灯诱杀成虫。冬季清园，刮除树干上的老翅皮，清除枯枝落叶后，喷洒波美为4度~5度石流合剂。

(2)药剂防治

幼虫发生时，喷洒80%敌敌畏乳油1500倍液，或20%杀灭菊酯3000倍液，或2.5%保得乳油2000倍液，或4.5%高保乳油2500倍液，或3%金世纪可湿性粉剂2500倍液，或16%高效杀得死乳油2000倍液。幼虫大量发生时，可喷4. 5%氯氰菊酯乳油3000倍液，或2.5%敌杀死乳油3000倍液，也可喷50%敌百虫1000倍液，或"5%锐劲特"30毫升兑水45千克喷施树冠防治幼虫，成虫产卵期喷2.5%敌杀死乳油3000倍液，或速灭杀丁2000倍液，或50%敌百虫敌百虫800倍液毒杀。

花椒凤蝶幼虫(高龄)

(3)生物防治

①以菌治虫。用7805杀虫菌或青虫菌(100亿/克)400倍液喷雾，或苏芸金杆菌1000~2000倍液，防治幼虫。

②以虫治虫。将寄生蜂寄生的越冬蛹，从椒枝上剪下来，放置室内，如有寄生蜂羽化，放回椒园继续寄生，控制凤蝶发生危害。

花椒跳甲防治技术

1.主要种类及危害

包括危害花器与果实的铜色花椒跳甲、红胫花椒跳甲、蓝桔潜跳甲和食叶的花椒桔潜跳甲、枸桔跳甲等。主要的有:

铜色花椒跳甲又名铜色潜跳甲,俗称椒狗子、土跳蚤等,主要以幼虫危害花椒聚伞状花序梗和羽状复叶柄、花蕾和嫩果。致使早期脱落,造成花椒减产,甚至绝收。成虫仅危害叶片而且较轻,一般食害叶片造成缺刻或孔洞。

蓝橘潜跳甲又名花椒食心虫、蛀果虫、椒狗子等,一般幼虫蛀食花椒嫩果实,造成早期大量落果,直接影响花椒产量。成虫仅危害叶片,造成缺刻或孔洞。

花椒橘啮跳甲又名花椒跳甲、花椒橘潜跳甲、花椒啮跳甲,俗称金花潜叶虫、红猴子、串椒牛等,以幼虫潜入叶内,取食叶肉,使被害叶片出现块状透明斑,当受害叶片发黄焦枯时继续迁移危害。危害严重时,一般在6月下旬受害椒树叶肉被食尽,椒叶全部焦枯,似火烧一样,致使花椒产量和品质下降。

2.形态特征

铜色花椒跳甲:成虫卵圆形,体长3~

铜色花椒跳甲成虫

蓝桔潜跳甲成虫

花椒桔啮跳甲幼虫为害状

花椒桔啮跳甲成虫

3.5毫米。雌虫体略大。体古铜色，稍带紫色，光亮；体腹面、足和触角完全红色。触角丝状，长约为体长之半。幼虫体长5~5.5毫米，初孵幼虫呈淡白色，老熟时黄白色，头、足等黑褐色。

蓝橘潜跳甲：成虫长椭圆形，长3.6毫米左右，宽1.9毫米，雄虫略小。头天蓝色，触角基半部黄褐色，端半部棕褐色多毛；前胸背板、鞘翅紫蓝色，有金属光泽。体腹面棕褐色，部分呈黑褐色。老熟幼虫长约5.5~6毫米，乳白色，略扁，头、前胸背板为黑褐色。

花椒橘啮跳甲：成虫卵圆形，长4~5毫米，宽2.7毫米左右，头部黑色，前胸、鞘翅及身体腹面橘黄色或橘红色。鞘翅有光泽，触角锯敕状，11节。足黑色。幼虫头部、足黑色，腿节和胫节略为淡黄色，体腹面也为淡黄色，胸部有黑点，老熟幼虫体长6~7毫米，黄白色。

3. 防治方法

（1）人工防治

加强椒园田间管理，于4月底至5月下旬，剪除枯萎的花序、复叶及被害幼果，集中烧毁或深埋土内，消灭幼虫；6月上、中旬在椒园中耕灭蛹；花椒收获后，及时剪下死枝虫枝，清扫树冠下枯枝落叶或杂草，并用刀刮椒树翘皮，集中一起烧毁。冬季之前在树盘下挖沟施肥、灌水，通过这些措施破坏成虫的越冬场所，消灭越冬成虫。

（2）药剂防治

树上喷药：4月下旬于花椒现蕾期，越冬成虫出蛰盛期，喷洒40%水胺硫磷乳油，或50%杀螟松乳油1500倍液，或20%

杀灭菊脂乳油3000倍液，或2.5%敌杀死乳油2500倍液，或16%高效杀得死乳油2000倍液，或4.5%高宝乳油2500倍液，或2.5%保得乳油2500倍液，或70%艾美乐水分散粒剂10000倍液。也可选用如下两种高渗透或具有内吸作用的高效低毒农药：3%高渗苯氧威乳油4000倍液~5000倍液，10%除尽悬浮剂1500倍液~1800倍液，可在幼虫孵化盛期（4月中下旬）喷药。

土壤处理：根据成虫在土内越冬的习性，于成虫出土前（4月上、中旬），先将椒树翘皮用刀刮净，同时将树冠下土壤刨松，然后用25%对硫磷微胶囊剂每公顷7.5千克，加水450千克喷洒到地面，施药后用钉齿耙纵横交叉耙两遍，使药剂均匀混入土内。

以上两种方法结合使用，防治花椒跳甲的效果会更好。

（3）树盘覆膜

花椒跳甲以成虫在花椒树冠下周围土壤表土层7厘米以内越冬，翌年花椒发芽后出土上树产卵。充分应用这一习性，冬季管理结束时，以花椒树行为中线，在树行两侧同时覆膜，宽度以大于树冠垂直投影约30厘米为标准，两侧膜靠近处的地膜重叠部分宽度保持在5~10厘米以内，并用土压实。覆膜提高温湿度，不利于跳甲越冬休眠和翌年出蛰，有利于花椒树的越冬保暖、保持水分，避免使用农药污染环境，既有增产效应又符合无公害农产品生产的要求。6月20日前后即可撤膜。

花椒天牛防治技术

1. 主要种类及危害

包括橘褐天牛、花椒虎天牛、二斑黑绒天牛、黄带黑绒天牛和白芒锦天牛等约18种。主要种类有：

花椒虎天牛又叫花椒天牛、钻木虫，成虫咬食花椒枝叶，为害较轻，幼虫钻蛀树干，上下蛀食，引起树木枯死，造成花椒减产，为害严重。

黄带黑绒天牛又叫黄带天牛，俗称钻木虫、木环等，以幼虫蛀食椒树主干和枝条，一般先蛀食枝条、枝干，再钻食主干，后潜入木质部危害，阻碍水分、养料的输送，造成树势衰弱，椒叶变黄，严重者整株死亡。

桑天牛成虫食害嫩枝皮和叶；幼虫于枝干的皮下和木质部内，向下蛀食，隧道内无粪屑，隔一定距离向外蛀1通气排粪屑孔，排出大量粪屑，削弱树势，重者枯死。

2. 形态特征

花椒虎天牛：成虫体长19~24毫米，体黑色，全身有黄色绒毛。头部细点刻密布，触角11节，约为体长的1/3。足与体色相同。在鞘翅中部有2个黑斑，在翅面1/3处有1近圆形黑斑。初孵幼虫头淡黄色，体乳白色，2~3龄后头黄褐色，大龄幼虫体黄白色，节间青白色。

花椒虎天牛成虫

花椒虎天牛幼虫

花椒虎天牛蛹

黄带黑绒天牛成虫

黄带黑绒天牛：成虫体长25毫米左右，宽约7毫米，黑色略带紫罗蓝色。触角端部7节黄褐色。鞘翅中部有一条黄褐色宽横带，其他部位着生黑色绒毛。老熟幼虫乳黄色，头黄褐色。

桑天牛：成虫体长26~51毫米，宽8~16毫米，黑褐至黑色，密被青棕或棕黄色绒毛。触角丝状，11节。鞘翅基部密布黑色光亮的颗粒状突起，约占全翅长的1/4~1/3。幼虫体长60~80毫米，圆筒形，乳白色。头黄褐色，大部缩在前胸内。

3. 防治方法

（1）物理防治

黄带黑绒天牛幼虫

桑天牛成虫

桑天牛幼虫

天牛注射防治

及时收集当年枯萎死亡植株，挖除被害的死树，集中烧毁。对花椒树干茎部及时进行检查，如发现花椒天牛，应及时找到新鲜排粪孔用细铁丝插入，向下刺到隧道端，反复几次刺死幼虫。利用天牛成虫有假死性的习性，可人工震落捕杀。用手捶杀虫卵和小幼虫。休眠期修剪时，刮除树干茎部的皮刺、翘皮，并进行树干涂白。

(2)生物防治

保护和利用天敌，啄木鸟是天牛的主要天敌鸟类，应保护和利用该鸟对害虫进行自然控制。还有管氏肿腿蜂、周氏啮小蜂、天牛绒茧蜂等天敌。

(5)化学防治

将内吸型和触杀型的杀虫农药配制成高浓度1比200至300倍液，用棉球蘸药液塞入蛀食孔(拔除蛀食孔内堵塞物后进行)、或在虫孔注射100倍敌敌畏药剂，或注入对树无损害的强力灭牛灵乳剂，然后用胶布或泥土封口即可。将碾细的萘丸粉，包在棉花中塞进孔里，用黄泥封闭虫孔，可杀死花椒天牛。

用已受害严重，无利用价值的花椒枝干为饵料，喷上晶体敌百虫可湿性粉剂1000倍液；成虫期在花椒树干和枝干上喷洒西维因可湿性粉剂1:150倍液，25%溴氰菊酯乳油3500倍液~4000倍液。

花椒桑拟轮蚧防治技术

1.危害

以雌成虫和若虫群集椒树枝干上吸食椒树汁液。轻者削弱树势，重者枝条干枯，甚至整株死亡。

2.形态特征

雌蚧壳灰白色，圆形略隆起。腹膜极薄，灰白色，多遗留在枝干上，雄蚧壳白色，长筒形，两侧近平行。成虫雌体宽卵圆形，扁平，淡黄色至橘红色。头、胸、腹合成一体，界限不甚明显，有针状口器。无翅，足消失，腹部分节较明显。雄虫体黄褐色或橘红色。胸部发达，前翅1对，灰白色，透明，后翅特化为平衡棒。腹部尖，末端生有一针状生殖刺，其长度达体长的三分之一。初孵若虫粉红色，扁椭圆形，具眼、触角和足。该期若虫难以分辨雌雄。2龄若虫眼、触角、足和尾毛均已退化，2龄雌若虫体形似雌成虫。2龄雄若虫体形较狭长。

3.防治方法

（1）人工防治

该虫藏身于蚧壳下固定在枝干上取食，因此冬、春用草把、细钢丝刷、硬塑料刷或刀片，刷掉或刮去枝干上的蚧壳虫体；冬季清除枯枝、病虫枝、刮刷枝杆上的越冬幼虫及卵，清除园内枯枝落叶，消除虫源减少

介壳虫为害状

介壳虫危害枝条

虫口繁殖基数，减轻危害。

(2)化学药剂防治

若虫刚孵化并在枝干上扩散、转移，尚未形成蚧壳时，用25%亚胺硫磷乳油800倍液~1000倍液、或布索利巴尔400倍液~500倍液，或灭多威400倍液~500倍液，或50%甲基异柳磷乳油各1000倍液~1500倍液，或50%久效磷乳油2000倍液，或20%克螨蚧乳油2000倍液，或97%机油乳剂120倍液~180倍液，或70艾美乐水分散粒剂6000倍液均匀喷雾，都能收到良好效果；在若虫成熟期，有一种胶质覆盖物保护虫体吸收树汁为害。首先用塑料硬刷进行捣毁后，再用索利巴尔＋“99”杀虫净喷布。5月和8月喷0.3度~0.5度石硫合剂；在被害枝干上用煤油涂擦。在冬季清园时喷洒波美3~5度的石流合剂。

(3)保护利用天敌

该虫在自然界中有很多种天敌，如：奥州瓢虫、大红瓢虫、小红瓢虫等，可保护饲养，控制蚧类发生危害，且主要发生高峰期在5月至7月，因此于第1代若虫发生期用上述任何一种药剂喷施一次便可，既能收到良好的杀虫效果，又能较好地保护天敌。

花椒窄吉丁防治技术

1.危害

花椒窄吉丁虫又名花椒小吉丁虫，以成虫取食叶片，幼虫蛀入三年生以上，或干径1.5厘米以上的花椒树的根茎、主干、主枝及侧枝的皮层下方，蛀食形成层和部分边材，随虫龄的增大，可逐渐潜入木质部内危害。由于虫道迂回曲折，盘旋于一处，充满虫粪，致使被害处的皮层和木质部分离，引起皮层干枯剥离，使花椒树长势衰弱，椒叶凋零，果实品质降低，严重者造成枝条干枯或整株枯死。

吉丁虫幼虫

2.形态特征

成虫体狭长，长8~10毫米，宽2.3~2.8毫米，体黑色具紫铜光泽，被有灰白色短弯毛。头、前胸背板有粗糙的皱纹，头横宽，额部具"山"形沟，复眼大，几乎与前胸背板相连接。鞘翅灰黄色，密布小刻点，每个鞘翅上前半部具"S"形黑斑，后半部具飞蝶形及方形黑斑各一个。有的个体略呈四个"V"形紫蓝色斑，鞘翅末端锯齿状。腹部各节后侧角尖刺状突出，末端背板二叶状叠置。幼虫体长17~26.5毫米，扁平，白色

吉丁虫幼虫为害状

吉丁虫为害后枝条死亡

吉丁虫为害后流胶状

或淡黄色，头部小；前胸膨大，扁圆形，背面和腹面中央各有一条褐色纵沟，中后胸均狭小。腹部末端有一对黄褐色或深褐色的钳状突，钳突锯齿状。

3. 防治方法

（1）人工防治

花椒整形修剪时，应及时清除濒于死亡的椒树及干枯枝条。花椒吉丁虫发生轻时，及时刮除新鲜胶疤或用小铁锤击打胶疤，消灭幼虫。用锋利刀具将流胶部位连同烂皮一同刮掉，刮至好皮边缘，然后涂抹一层腐必清保护剂。

（2）化学防治

花椒萌芽期或果实采收后，用50%甲胺磷乳油和柴油（或煤油）分别按1∶50倍液、1∶100倍液，在树干基部30~50厘米高处，涂1条宽3~5厘米的药环，杀死侵入树干内的幼虫。或者当侵入皮层的幼虫少时，在收果实后用刀刮去胶疤及一层薄皮，用上述药剂加柴油或煤油1∶1涂抹，以触杀幼虫。发生量大时，用上述药剂与煤油或柴油1∶1∶50涂抹，或80%敌敌畏乳油加水1∶3涂抹。6月份幼虫孵化盛期，用40%乐斯本100倍进行树干喷雾。6月上中旬，用40%乐斯本50倍液对树干流胶处进行涂抹、在成虫出洞高峰期，可用50%敌敌畏乳油2000倍液，或50%乐果乳油1500倍液，或90%晶体敌百虫1000倍液~1500倍液，或2.5%敌杀死乳油2000倍液，或4.5%高宝乳油2500倍液均匀喷布，消灭成虫。

花椒瘿蚊防治技术

1.危害

花椒波纹又名椒干瘿蚊，俗称气死泡，以幼虫危害花椒幼树或成龄树1~2年生枝条的嫩枝。椒树被害后，嫩枝因受刺激引起组织增生形成柱状虫瘿，随虫龄的增大被害部即出现密集的小颗瘤状突起，剥去皮层可见幼虫蜷伏于蜂巢状的瘿室内。椒树受害后不仅枝条生长受阻，而且常致使树势衰弱老化，同时很容易被大风吹折。

2.形态特征

成虫体小而纤细，黄色或灰黄色，密生细短毛，复眼黑褐色，互相合并，触角细长，

花椒瘿蚊为害状

14节，节间狭缩；前翅发达，有翅脉4条，翅面被细毛，有紫褐色闪光；足细长，灰褐色。雌虫腹末有一细长产卵器。幼虫粗壮，长2.4~3.2毫米，橘黄色。

3.防治方法

(1)人工防治

在冬季和春季4月以前，结合椒树修建，剪去虫瘿枝集中烧毁，并用索利巴尔抹剪口消毒，连续进行2~3年就能控制发生，减轻危害；6月下旬7月上旬剪去被害枝梢。

(2)化学防治

5~6月成虫发生盛期，在树冠上喷洒80%敌敌畏乳油、50%辛硫磷乳油1000倍液，或20%杀灭菊酯乳油3000倍液，或4.5%高保乳油2500倍液，或2.5保得乳油2500倍液，消灭成虫。在有虫瘿枝条四周纵向刻道，用棉花蘸上强力灭牛灵原液在颗瘤上点搽，毒杀幼虫。

(3)生物防治

注意保护天敌，利用瘿蚊齿小蜂防治瘿蚊幼虫，可控制发生，减轻危害。

花椒斑衣蜡蝉防治技术

1.分布与危害

斑衣蜡蝉俗称樗鸡、春姑娘、花姑娘等，成虫、若虫刺吸寄主植物汁液，致使叶片萎缩、枝条畸形，并分泌露状排泄物，招致霉菌发生，使树皮易破裂，从而造成病菌的侵入，导致椒树枯死。

2.形态特征

成虫体长14~22毫米，翅展40~52毫米。头部小，淡褐色，复眼黑色；触角生在复眼下方，红色，歪锥状。前翅革质，长卵形，基半部淡褐色，上布黑斑10~20个，端半部黑色，脉纹白色，后翅膜质，扇形，基部鲜红色，有黑斑6~8个，端部黑色，在红色于黑色区域间，有白色横带，脉纹黑色。若虫5龄。1龄若虫初孵时白色，后转灰色，最后成黑色，体背有白色蜡粉组成的斑点，触角黑色，足黑色。2龄若虫体形似1龄若虫。3龄若虫体形似2龄若虫，白色斑点显著，头部长于2龄若虫。4龄若虫体背淡红色，头部、触角两侧及复眼基部黑色，翅芽明显，足黑色，布有白色斑点。

3.防治方法

(1)人工防治

斑衣蜡蝉成虫

斑衣蜡蝉若虫

8月中、下旬组织人力用木棍挤压卵块灭卵或人工剪除卵块，集中一起烧毁或深埋。

(2)化学防治

若虫孵化期间，选用80%敌敌畏乳油、40%水胺硫磷乳油、50%马拉松乳油，或50%杀螟松乳油1000倍液~1500倍液喷雾。

(3)保护天敌

剪除卵块，保护利用天敌，尽量减少使用化学农药。

花椒蚜虫防治技术

1.危害

主要有棉蚜和桔蚜两种。

棉蚜又名花椒蚜，俗称蜜虫、腻虫、油旱、旱虫等，是世界性害虫，以若虫群集花椒新生嫩梢、叶片及果实上吸食汁液，被害部位扭曲变形，果实及叶片脱落，影响椒树生长发育，产量降低，品质变劣。

桔蚜俗称旱虫、腻虫、蜜虫等，以成虫和若虫刺吸嫩叶、嫩梢汁液，被害叶多皱缩卷曲，并危害花器、幼果，严重者引起脱落。同时，排泄蜜露引起煤污病发生。

2.形态特征

棉蚜：有翅胎生雌蚜，黄色、浅绿色或深绿色，触角丝状。翅膜质透明，翅痣灰黄色。无翅胎生雌蚜，体黄色或绿色，全体被有薄白蜡粉。无翅若蚜与无翅胎生雌蚜相似，体较小，夏季为黄色或黄绿色，春秋季为蓝灰色，复眼红色。有翅若蚜夏季淡红色，秋季灰黄色。

桔蚜：有翅胎生雌蚜，漆黑色，有光泽。触角丝状，翅白色透明，翅脉色深，翅痣淡黄褐色。足胫节、跗节及爪均为黑色。无翅胎生雌蚜与有翅胎生雌蚜相似，但腹管下侧有明显的线条状纹。若虫，无翅胎生雌蚜相似，体褐色；有翅若蚜3龄期出现翅芽。

3.防治方法

（1）生物防治

棉蚜为害状

桔蚜为害状

我国利用瓢虫、草青蛉等治蚜已收到很好效果。在椒园中恒定保持瓢虫与蚜虫1:200左右的比例,便可不用药,利用瓢虫控制蚜虫。

(2)化学防治

4月间于蚜虫发生初期和花椒采收后,用25%唑蚜威乳油1500倍液~2000倍液,或80%敌敌畏乳油2000倍液~3000倍液,或20%杀灭菌酯乳油3000倍液~3500倍液,或24.5%艾福丁乳油1500倍液~2000倍液,或1.45%捕快可湿性粉剂800倍液~1000倍液,或20%好年冬乳油1000倍液~1500倍液,或4.5%高宝乳油2500倍液,或艾美乐水分散粒剂10000倍液~15000倍液均匀喷雾,或50%辛硫磷乳油1000倍液~1500倍液,或菊脂娄药荆2000倍液,进行交替喷洒,花椒谢花后喷施40%乐果1000倍液~1500倍液,严重时8天左右再喷施1次,在休眠期喷3~5度的石硫合剂。

4月下旬至5月中旬树干蚜母出现后,使用辣椒醋酸液防治,此种土农药对尺蠖、红蜘蛛和其他害虫均有杀伤力。在显蕾开花期喷l~2次药. 果实膨大期视蚜虫多少喷2~3次药,喷药要细致,每年喷药4~5次,防蚜效果可达98%左右,保果率可达95%以上。

5~6月间选用10%吡虫啉可湿性粉剂3000倍液,或20%灭扫利乳油3000倍液,或2.5%功夫乳油3000倍液,或50%避蚜雾1000倍液等进行喷雾,可有效控制危害。

花椒萌芽期或果实采收后,用50%甲胺磷乳油和柴油分别按1:5倍,在树干30~50厘米高处涂1条3~5厘米的药环,治蚜效果较好。

在蚜虫盛发初期,每亩用10%吡虫灵10克,或5%蚜虱净20毫升喷雾防治。25%追命可湿粉4克,或10%千红可湿粉10克对水15千克防治。

花椒蜗牛防治技术

蜗牛啃食花椒叶片

蜗牛啃食花椒枝干

1.主要种类及危害

主要有扩展大脐蜗牛、条纹巴蜗牛等。主要啃食幼嫩皮层，甚至部分老树皮，致使伤口难以愈合，木质部外露而干枯，树势衰退，枝干老化，影响花椒的正常生长，造成花椒减产，严重时甚至造成椒树死亡。

2.形态特征

贝壳有扁圆锥形、扁球形、扁圆盘形等，左旋或右旋，壳质坚硬壳面颜色各异，但以灰白为主，一般壳口近圆形，锋利。大都以贝壳形状、颜色等进行种类区分。

3.防治方法

(1)人工防治

利用蜗牛喜阴暗潮湿、畏光怕热、雨后

蜗牛严重为害状

大量活动的习性，雨后及时松土除草，破坏其栖息环境，并及时捡除树干及地上蜗牛。集中处理。

（2）化学防治

在蜗牛初发期，使用"6%蜗克星"每亩250~550克撒施。或树冠下喷洒5波美度石硫合剂防治。

粉碎棉籽饼，加水湿润，拌入30%除蜗净可湿性粉剂（40∶1）制成毒饵，傍晚撒施树冠下毒杀。

花椒地下害虫防治技术

1.种类与危害

花椒地下害虫有：(别名拉拉蛄、土狗子、地狗子)、小云斑鳃金龟(又叫小云斑金龟子、褐须金龟子，幼虫称蛴螬)、华北大黑鳃金龟(又叫华北大黑金龟子，幼虫俗名蛴螬)、铜绿丽金龟(又叫铜绿金龟子)、小青花金龟、小地老虎(俗称黑蛆、切根虫等)、黄地老虎、细胸金针虫(又叫细胸叩头甲，俗称节节虫)等。其中主要危害的有：

东方蝼蛄成虫、若虫均在土中活动，取食播下的种子、幼芽或将幼苗咬断致死，受害的根部呈乱麻状。

小地老虎属广布性种类，能危害百余种植物，是对农、林木幼苗危害很大的地下害虫，在西北危害油松、花椒、核桃、沙枣、果树等苗木。轻则造成缺苗断垄，重则毁种重播。

2.形态特征

东方蝼蛄：成虫体长30~35毫米，灰褐色，全身密布细毛。头圆锥形，触角丝状。前胸背板卵圆形，中间具一暗红色长心脏形凹陷斑。前翅灰褐色，较短，仅达腹部中部。后翅扇形，较长，超过腹部末端。腹末具1对尾须。前足为开掘足，后足胫节背面

东方蝼蛄成虫

东方蝼蛄若虫

小地老虎成虫

小地老虎幼虫

内侧有4个距。

小地老虎：成虫体长17~23毫米、翅展40~54毫米。头、胸部背面暗褐色，足褐色。前翅褐色，前缘区黑褐色，外缘以内多暗褐色；后翅灰白色，纵脉及缘线褐色，腹部背面灰色。幼虫圆筒形，老熟幼虫体长37~50毫米、宽5~6毫米。头部褐色，具黑褐色不规则网纹；体灰褐至暗褐色，体表粗糙、布大小不一而彼此分离的颗粒；胸足与腹足黄褐色。

3.防治方法

（1）农业防治

早春清除苗圃及周围杂草。精耕细作，深耕多耙；施用充分腐熟的农家肥；有条件的地区实行水旱轮作；人工捕捉。

（2）物理防治

在田间挖30厘米见方，深约20厘米的坑，内堆湿润马粪并盖草，每天清晨捕杀蝼蛄；用黑光灯诱杀成虫。采用糖醋液、发酵变酸的水果、甘薯、毒饵、新鲜泡桐叶等诱杀小地老虎成虫或幼虫。

（3）化学防治

将豆饼或麦麸5千克炒香，或秕谷5千克煮熟晾至半干，再用90%晶体敌百虫150克兑水将毒饵拌潮，每亩用毒饵1.5~2.5千克撒在地里或苗床上。

关键是抓好小地老虎第1代幼虫1~3龄期的防控，可选用灭幼脲3号、速灭杀丁、辛硫磷等多种杀虫剂防治。

花椒流胶病防治技术

1. 种类及危害症状

（1）侵染性流胶病

花椒流胶病由真菌引起，一年生嫩枝染病后当年形成瘤状突起，下年5月病斑扩大，病体开裂溢出树脂，起初为无色半透明软胶，以后变为茶褐色结晶状；多年生枝染病，会产生水泡状隆起并有树胶流出。随着病菌的侵害，受害部位坏死，导致枝干枯死。这种病以菌丝体和孢子器在病枝里越冬，下午3月下旬至4月中旬产生孢子，随风雨传播。雨天溢出的树胶中有大量病菌随枝流下，导致根茎受浸染，气温5℃时病部渗出胶液，随气温升高而加速蔓延，一年有两次高峰，第1次5~6月，第二次8~9月。

（2）非浸染性流胶病

由于机械损伤、虫害、伤害、冻害等伤口流胶和管理不当引起的生理失调，发生流胶。本病多发生在主干和大枝的分叉处，小枝发生少。大枝发病后，病部稍膨胀，早春树液流动时，常从病部流出半透明黄色树胶，雨后流胶量多。病部容易被腐菌浸染，使皮层和木质部腐烂，致使树势衰弱。一般4~10月发生，以7~10月雨水多，湿度大和通风透光不良的花椒园发病重，

花椒侵染性流胶病

天牛危害后流胶

树势弱、土壤粘重、氮肥过多的地块、花椒凤蝶、天牛、花椒叶甲、吉丁虫危害重的田块发病重。

2.防治方法

(1)物理防治

冬季清理花椒园应彻底，将病虫枝叶集中烧毁或深埋。对树盘、根茎周围的表土要及时更换，可减少根茎病虫害的发生。

(2)药物防治

早春和秋末各喷1次5波美度石硫合剂或1:1:100等量式波尔多液，防治越冬病害；入冬前树干涂白，防止冻害。

用有效成分为2%椒喜啶虫咪1ml，进行虫孔注射毒杀天牛幼虫，并用腐酸·硫酸铜涂抹伤口，既能杀死天牛幼虫，又能防止花椒流胶病的发生。

花椒腐烂病防治技术

花椒根腐病为害状

花椒干腐病危害初期

1.种类及危害症状

花椒腐烂病包括花椒根腐病和花椒干腐病两种。

花椒根腐病是由腐皮镰孢菌引起的一种土传病害。受害植株根部变色腐烂，有异臭味，根皮与木质部脱离，木质部呈黑色，发病严重时整株死亡。幼、中、老树都有可能发此病。

花椒干腐病枝干部位多有发生，初期树皮出现暗褐或黑褐色、湿润、不规整的病斑，可沿树干一侧向上扩展，边缘有裂缝，未显病部位显现铁锈色。病部可溢出茶褐色黏液，有霉菌味，后失水成干斑。病部环缢枝干即造成枯枝。病皮上密生小黑粒点。

2.防治方法

（1）农业防治

合理调整布局，改良排水不畅，环境阴湿的椒园，使其通风干燥。改变对花椒园的传统粗放经营方式，加强管理，施好肥，及时修剪，清除带病枝条。及时挖除病死根，死树，并烧毁，消除病染源。

（2）药剂防治

做好苗期管理，严选苗圃，高床深沟，重施基肥，并以15%粉锈宁500倍液~

800倍液消毒土壤。发现病苗，及时拔除，减少花椒根腐病病源。

移苗时用50%甲基托布津500倍液浸根24小时。栽植后用甲基托布津500~800倍液，或15%粉锈宁500倍液~800倍液灌根。

4月用15%粉锈宁300倍液~800倍液灌根成年树，能有效阻止花椒根腐病发病。夏季灌根能减缓发病的严重程度，冬季灌根能减少病原菌的越冬结构。

对花椒干腐病发病较轻的大枝干上的病斑，可刮除病斑，并在伤口处涂抹治腐灵或石灰乳。每年3~4月间，及采收花椒果实后，用50%甲基托布津可湿性粉剂500倍液，喷布树干2~3次，防治花椒干腐病。

花椒干腐病危害后期

花椒黑胫病防治技术

1. 危害症状

花椒黑胫病俗称花椒流胶病，对花椒幼苗、幼龄椒树和老龄椒树都能侵染发病，致使椒树流胶，生长不良，造成花椒减产，甚至整株死亡。患病椒树所结花椒果实，颜色土红，做调料食用无味，致使品质降低，失去经济价值。该病主要发生在根茎部，根茎感病后，初期出现浅褐色水浸状病斑，病斑微凹陷，有黄褐色胶质流出。以后病部缢缩，变为黑褐色，皮层紧贴木质部。根茎基部被害病斑环切（围绕茎一周）后，椒叶发黄，病部和病部以上枝干多处产生纵向裂口，裂口长几毫米到七八厘米不等，也有从裂口处流出黄褐色胶汁，胶汁干后成胶，严重时植株逐渐枯死。

2. 防治方法

（1）加强抚育管理

该病一般发生在水浇地和多雨地区，应注意生态环境的管理，要合理灌水，禁止大水漫灌，雨后及时排水，减少病菌传播蔓延。

（2）嫁接防病

利用椒树不同品种间显著的抗病性差异，采用高抗品种八月椒或七月椒等耐病品种做砧木，以梅花椒、大红袍等品质好而高度感病的品种做接穗，进行高位芽接或

花椒黑胫病为害状

花椒黑胫病严重为害状

枝接，在防治黑胫病上可收到显著效果。

（3）药剂保护

对感病品种，定植前用40%乙磷铝可湿性粉剂20倍液，或70%代森锰锌可湿性粉剂30倍液，或50%瑞毒铜粉剂30倍液浸根茎后定植。对已定植好的大、小椒树，分别于3月初和6月初，用50%瑞毒铜粉剂200倍液各灌根1次，然后覆土。此外，在发病初期喷洒60%百菌通可湿性粉剂500倍液，或32.5%梨黄金可湿性粉剂600倍液，或50%卡笨得可湿性粉剂700倍液。

（4）刮治

用刀刮除病斑后，涂抹维生素B_6软膏，或熟猪油15~20克，或托福油膏，治愈效果较好。

花椒黑胫病病毁园

花椒枝枯病防治技术

1. 危害症状

花椒枝枯病俗称枯枝病、枯萎病，危害花椒枝条，引起枝枯，后期干缩。该病常发生于大枝基部、小枝分杈处或幼树主杆上。发病初期病斑不甚明显，随着病情的发展，病斑为灰褐色至黑褐色椭圆形，以后逐渐扩展为长条形。病斑环切枝干一周时，则引起上部枝条枯萎，后期干缩枯死，秋季其上生黑色小突起，顶破表皮而外露。病菌以分生孢子器在病组织内越冬。椒园管理不善，树势衰弱，或枝条失水收缩，冬季低温冻伤，地势低洼，土壤黏重，排水不良，通风不好，均易诱发此病发生危害。

2. 防治方法

（1）加强管理

在椒树生长季节，及时灌水，合理施肥，增强树势；合理修剪，减少伤口，清除病枝，都能减轻病害发生。

（2）涂白保护

秋末冬初，用生石灰 2.5 千克，食盐 1.25 千克，硫磺粉 0.75 千克，水胶 0.1 千克，加水 20 千克，配成涂白剂，粉刷椒树枝干，避免冻害，减少发病机会。

（3）刮治病斑

对初期产生的病斑，用刀进行刮除，病斑刮除后涂抹 50 倍砷平液，或托福油膏，

花椒枝枯病为害状

花椒枝枯病受害植株

或1%等量式波尔多液。

（4）喷药防治

深秋或翌春椒树发芽前，喷洒波美5度石硫合剂，或45%晶体石硫合剂150倍液，或50%福美砷可湿性粉剂500陪夜，对防治花椒枝枯病均有良好效果。发病期间用800倍医霉轮腐康喷雾，在发病初期喷药2~3次。

花椒冻害防治技术

1.危害症状

花椒冻害是一种多发生在我国北方地区的非侵染性生理病害，发生的原因主要是绝对温度过低，或低温持续时间过长，或遇到强寒冷的侵袭；因生长不充实，越冬准备不充分；地形地势有较大的影响；树龄大小也有很大的关系。主要危害花椒幼树、成年椒树的枝干、枝条和花芽，削弱树势，降低座果率，严重者造成枝干、枝条枯死。主要发生在冬季温度变化剧烈，绝对温度过低，且持续时间较长的年份。枝干冻害发生后，生长不充分的枝条极易受冻，轻者皮层变褐色，重者变褐深达木质部及髓部，后干缩枯死。多年生枝条常表现局部受冻，树皮常发生纵裂，冻害部分皮层下陷，表皮变为深褐色，轻者伤口还能愈合，严重者裂缝宽，露出木质部不易愈合，且裂皮翘起向外翻卷，被害树皮容易剥落，严重时1~2年生枝条大量枯死。花芽冻害主要是花器受冻，轻微冻害，由于花芽数量多，对产量影响不大；严重时，每果穗粒数显著减少。一般多发生在春季回暖早，而又复寒（倒春寒）的年份。

2.防治方法

（1）选育抗寒品种

要因地制宜选用当地抗寒品种或采用

花椒冻害为害状

冻害受害椒园

高接换种，高接当地抗寒性能强的花椒品种，提高抗寒能力。

（2）农业防治

应加强垂直西北风向的防护林建设，充分利用小气候的优势，减轻冻害发生程度。在易发生冻害的地区，合理施肥、灌水，使树体多积累养分，增强抗寒能力。冬前在椒树茎干基部培土、树干涂白剂涂抹或包裹草把，均可减轻冻害发生。

（3）灌水与熏烟

霜冻前，在风头堆草或禾秆，点燃熏烟，可减轻霜冻危害，凌晨点燃效果更好。早春寒流侵袭前浇水，也可减轻受冻。

（4）使用植物生长调节剂

用25%抑芽敏乳油500倍液~600倍液、85%比久可溶性粉剂50克加水25千克，或氨基酸800倍液~1000倍液，在萌芽前进行喷雾，可抑制芽萌动，晚发芽7天左右。

（5）灾后管理

若椒树已产生冻害裂皮后，伤口应及时涂抹1:1:100波尔多液，或托福油膏或843康复剂，或50倍砷平液（40%福美砷、平平加、水铵1:1:20），以防止病菌侵染。此外，应及时用0.3%的磷酸二氢钾树冠喷洒，以利受害椒树尽快恢复树势。

花椒主要病虫害防治时期

1.【休眠期】(11月底~3月上旬)

(1)刮除老树皮,清除树皮中的越冬病虫,并兼治腐烂病、流胶病。

(2)喷5波美度的石硫合剂,防止叶斑病、锈病等多种病虫害。

(3)在树干基部,刮平树干后,涂6~10厘米宽黏胶环,阻杀草履蚧的若虫;于根颈及表土喷6%柴油乳剂或喷50%辛硫磷乳油200倍液杀死土壤中的越冬若虫和蚧壳虫。

(4)敲击树干砸皮缝中的刺蛾茧、舞毒蛾卵块;清除石块下越冬的刺蛾虫茧及土缝中的舞毒蛾卵块。

2.【萌芽前】(3月中、下旬)

(1)树上挂半干枯树枝诱集吉丁虫成虫产卵,在6月中旬或羽化成虫前全部烧毁。

(2)喷波美3度~5度石硫合剂防治草履蚧、盾蚧、叶斑病、锈病、腐烂病等;用50%甲基硫菌灵可湿性粉剂、50%多菌灵可湿性粉剂50倍液~100倍液涂刷树干预防腐烂病感染。

3.【萌芽、开花、展叶期】(4月份)

(1)喷25%噻嗪酮可湿性粉剂2500倍液防治草履蚧和盾蚧。

(2)早晨震动树干人工捕杀金龟子成虫。

(3)喷2.5%氯氟氰菊酯乳油或2.5%溴氰菊酯乳油1500倍液,防治柑橘凤蝶、玉带凤蝶、舞毒蛾、尺蛾科幼虫。

(4)剪除不发芽、不展叶的虫枝,消灭小吉丁虫,剪除的虫枝集中烧毁。

(5)雌花前后喷50%甲基硫菌灵可湿性粉剂500倍液~800倍液;中下旬喷波尔多液(1:0.5:200)1~3次防治叶斑病;用波尔多液(1:2:200)交替喷洒防治叶斑病和锈病;用70%甲基硫菌灵可湿性粉剂、50%多菌灵可湿性粉剂、65%代森锌可湿性粉剂200倍液~300倍液涂抹嫁接、修剪伤口防止腐烂病菌侵染。

(6)地老虎类和金龟子类:可用黑光灯、糖醋液诱杀成虫;2.5%溴氰菊酯乳油1000倍液杀成虫、卵与幼虫。

(7)小吉丁虫、天牛类可用黄泥+50毫升敌敌畏乳油+牛粪1份做成毒泥堵洞,成虫期可喷2.5%溴氰菊酯乳油2000倍液杀死成虫,诱饵枝烧毁。

(8)溃疡病、枝腐病、褐斑病:树干涂白,喷石灰倍量式波尔多液100倍液或70%甲基硫菌灵可湿性粉剂800倍液。

4.【果实膨大期】(5月份)

(1)枝盘覆土阻止害虫羽化出土;喷50%辛硫磷乳油800倍液、2.5%溴氰菊酯乳油1500倍液~2500倍液,每15天喷1次药,连喷3~4次,或地面撒3%辛硫磷颗粒。

(2)用黑光灯、糖醋液诱杀成虫;用2.5%溴氰菊酯乳油1000倍液杀成虫、卵、幼虫。

5.【花椒采摘期】(6~7月份)

(1)天牛:人工捕杀成虫、砸卵、灯光诱杀成虫、用棉球蘸80%敌敌畏乳油5~10倍塞虫孔。

(2)花椒窄吉丁:人工捕杀、黑光灯诱杀成虫;于根颈部喷50%辛硫磷乳剂400倍液杀幼虫。

(3)其他蛾类:用灯光诱杀成虫。

(4)天牛幼虫:撬开被害部树皮捕杀,根颈部喷50%辛硫磷乳剂400倍液。

(5)刺蛾、尺蠖幼虫、小吉丁虫、成虫:喷2.5%溴氰菊酯乳油1500倍液~2500倍液,或2.5%溴氰菊酯乳油800倍液~1000倍液,或10%氯氰菊酯乳剂3000倍液~4000倍液喷雾。

(6)锈病、叶斑病:喷200倍石灰倍量式波尔多液或70%甲基硫菌灵可湿性粉剂800倍液,粉锈宁800倍液。

6.【采收后、落叶前期】(8~9月份)

剪除枯枝或叶片枯黄枝、落叶枝;采果后结合修剪剪除枯死枝、病虫枝,防治小吉丁虫幼虫、天牛成虫、叶斑病、锈病、枝枯病等,剪除的病枝要集中烧毁。

7.【落叶期】(10月份)

防治根腐病、枝枯病、流胶病,刮除病斑,刮口涂抹70%甲基硫菌灵可湿性粉剂,或3波美度石硫合剂,或1%硫酸铜液,或10%碱水消毒伤口;树干涂白防冻。防治腐烂病、枝枯病、流胶病,刮皮范围应超出病组织1cm左右;刮口光滑严整,刮除病皮集中烧毁。

8.【休眠期】(11~12月份)

(1)清园(铲除杂草、清扫落叶并销

毁),树盘翻耕,刮除粗老树皮,清理树皮缝隙。

(2)人工挖除越冬态的幼虫、蛹、卵。刨开根颈周围的土,用50%敌敌畏乳油5倍液喷根颈部后封土。铲除的杂草、落叶等集中烧毁。

花椒采收技术

1.采收时间

花椒的采收时间应因品种而异，即使是同一品种，因立地条件的差异也不一致。一般以花椒外部形态标志确定适宜的采收时期，即花椒果皮呈现紫红色或淡红色，果皮缝合线突起，少量果皮开裂，种子呈黑色，光亮，散发浓郁的麻香味的时候。采摘过早，果皮薄，色暗，果仁含油量低，品质差。采摘过晚，果实干裂落仁，影响收益。

实践证明：早摘10天，花椒产量会降低10%~20%。雨量过多的年份，花椒会提前开裂落仁，应及时采收。有些花椒品种的果实成熟后果皮容易崩裂，种子散失，应在花椒成熟后的1周内采收完毕，以避免造成不必要的损失。而有些品种如秦安一号因果实成熟后，果实不开裂采收时间可以适当推迟一些。

2.采收技术

采收要选择晴朗的天气进行，避开阴雨天，以免晾晒难和影响色泽风味，导致品质下降。采收顺序应先温暖向阳低海拔的椒园，再背阴海拔高的椒园。

花椒采摘时，在大椒穗下第1个叶腋间有一个饱满芽，这个芽是下一年的结果芽，

果实成熟

人工采摘

要注意保护，不要摘除。在花椒弱枝果穗下，第1个芽发育不充实，第2个或第3个芽发育健壮，采摘时，以抹除第1个芽而保留第2、3个芽，起到小修剪的作用。

叶丛枝上无壮芽，只有瘦弱芽时，很难发育成花枝，所以在采摘时，适当抹除大部分叶丛枝，一般保留1/3，缺枝部位的叶丛枝应适当予以保留，以培养成健壮的结果枝，充实空间，扩大结果部位。

应尽量避免弄破花椒果实表面的油腺，以免影响花椒品质。

3.采收后管理

（1）保护叶片

花椒采收后树体就开始充分利用叶片制造的养分进行营养积累。因此，必须要加强对叶片的保护，除做好必要的病虫害的防治外，还可以进行叶面施肥，以提高叶片中的叶绿素，增加光合作用。一般用15千克水加入叶面宝3毫升，加多元高效磷酸二氢钾10克，加食醋25克，进行叶面喷施2~3次即可。

（2）及时管理

花椒采收后，以农家肥为主，加强秋季施肥，预防落叶病及虫害的蔓延。进行树体修剪，剪除病虫枝、枯枝，集中烧毁。加强树体越冬保护。

花椒干制技术

自然晾晒

烘干箱干燥

1. 自然晾晒法

鲜果采摘后要立即晾晒，并且在自然强光下一次性晒干，果皮才是娇艳的红色，晾晒的场地通常选择在干净并且干燥的晒坝或者塑料布上。把花椒轻轻摊撒在塑料布上，厚度2厘米左右，不能起堆，椒果在烈日下曝晒5~6小时，就会开裂，待颗粒完全爆开后，用竹棍轻轻拍打，花椒种子就会脱离种皮，用筛子进行分离，然后继续晾晒没有完全干透的果皮，当果皮完全干透后，用筛子或者簸箕再次筛选，把残余的叶梗和种子筛掉。

2. 人工烘烤方法

具体的方法是，花椒采收后，先集中摊晾半天到一天，然后装烘筛送入烘箱烘烤，装筛厚度3~4厘米。在烘烤开始时控制烘房温度，50℃~60℃，2~2.5小时后升温到80℃左右，再烘考8~10小时，待花椒含水量小于10%时即可。在烘烤过程中要注意排湿和翻筛的间隔时间可以适当延长，花椒烘干后，连同烘筛取出，筛除籽粒及枝叶等杂物。

花椒分级包装及储存技术

1.分级

晾晒好的花椒果皮，经过含水量及色泽等质量检验后，需要按标准分级，分级标准为：

特级：颜色深红、均匀、有光泽，颗粒大而均匀，油腺密而突出，睁眼椒＞98%；麻味浓烈、持久、纯正，香气浓郁、纯正；粒干，无霉粒、黑粒椒，椒柄、椒籽等固有杂质≤4%；无外来杂质，无染色椒、过油椒。

一级：色红、均匀、有光泽，颗粒较大而均匀，油腺突出，睁眼椒＞90%；麻味较浓、持久、无异味，香气较浓、纯正；粒干，无霉粒、黑粒椒，椒柄、椒籽等固有杂质≤6%；无外来杂质，无染色椒、过油椒。

花椒小包装

二级：颜色暗红或浅红、较均匀，颗粒较大，油腺较突出，睁眼椒＞80%；麻味尚浓、纯正，具香气、尚纯正；粒干，无霉粒、黑粒椒，椒柄、椒籽等固有杂质≤10%；无染色椒、过油椒，外来杂质≤4%。

2.包装

分级完成后，根据实际情况，按不同要求进行包装。超市和网上销售，按设计包装及时包装封口；市场大宗销售、储藏产品及时用新麻袋或提前清洗干净的旧麻袋，采用双包袋（必须是聚乙烯类）包装，防潮，防走色和跑味，并在袋口挂上标签，注明品种、等级。注意：应避免用装过化肥、农药、盐、碱等物品的包装物装花椒。

3.贮存

花椒贮存时，要选择干燥凉爽的房间，并要用垫木垫起，不能直接将包装袋码垛在地面上，以防霉变、走色和跑味。不能与其他有气味物品混放，以防串味。严禁与农药、化肥一起贮存。

几种植物、矿物源农药配制使用方法

1.辣椒醋酸液配制

线辣椒1千克，加水2.5千克，小火煮开，再加水47.5千克，搅匀后用草袋或麻布片过滤，滤出的便是原液。

2.自制防冻液（石灰食盐水）

（1）原料及比例：生石灰：食盐：水=2：1：20。

（2）配制及使用方法：将生石灰加水搅拌均匀，再加入食盐融化，最好过滤后，均匀喷洒于全树。

3.涂白剂

（1）原料：生石灰、硫磺、动物油、食盐等。

（2）配制方法：将生石灰加水搅拌成石灰乳，将搅成糊状的硫磺加入其中，加热至煮沸，再加入食盐和动物油，即成涂白剂。

（3）使用方法：均匀涂抹树干及主枝基部，一般高度50厘米为宜。

4.松脂合剂的配置

（1）原料：生松香2份，烧碱（或碳酸

涂白剂熬制

石硫合剂熬制

钠)1.5份,水12份。

(2)配制方法:先将清水与烧碱放入锅中煮沸,溶化后,再把碾成细粉的松香慢慢散入共煮,边煮边搅拌,并注意用热水补充,使其保持原来的水量,直至煮成黑褐色液体为止,约需半小时。

(3)使用方法:冬季稀释10倍~20倍,夏季稀释20倍~25倍。

5.波尔多液

(1)原料:石灰、硫酸铜。

(2)比例:1:1:200等量式;

1:2:200倍量式。

(3)配制方法:用全水量的1~2成,配成石灰乳,剩余水配制成硫酸铜溶液;将石灰乳搅均,再把硫酸铜溶液慢慢倒入其中,边倒边搅,即配制完成。

(4)注意:只能将硫酸铜溶液倒入石灰乳中。溶化硫酸铜不能用金属器皿。

6.石硫合剂

(1)原料及比例:生石灰:硫磺:水=1:2:10。

(2)熬制方法:火生起后,锅中加少许热水,将硫磺倒入锅内,搅成糊状;按比例在锅内加足水,放入生石灰,加热煮沸,并不停搅拌;煮沸前在锅上做水位标记,熬制中不断加入热水,保证锅内水位不变;煮1小时左右,当药面变为酱褐色(酱油色)时,即可停火;待药液冷却后,用双层纱布过滤,即成石硫合剂原液,一般浓度为20~25波美度。

(3)稀释方法:每千克原液兑水量用公式:

兑水量=(原液浓度-使用浓度)/使用浓度-1

一般原液浓度以20波美度计算,使用浓度以4波美度计算,既比较安全,又能起到效果。

(4)保存:石硫合剂必须在隔绝空气的条件下保存,常用方法是:将石硫合剂盛入缸内,上层加一层机油隔绝层,缸口用双层塑料薄膜封盖扎紧。